U0190373

长大以后探火星

面向未来的火星探测揭秘

褚建勋　华　蕾　编著

中国科学技术大学出版社

内容简介

在本书中,你将跟随科科、阳阳兄弟和K大的教授爷爷,一起踏上一段奇妙的火星之旅。你会穿过浩渺的星空,从地球来到遥远的火星,一睹这颗神秘星球的面貌;你会看到人类如何通过孜孜不倦的努力,一步步取得火星探测的突破;你会展望到在不远的未来,在想象力和技术的携手共进中,建立火星基地不再是梦想。

图书在版编目(CIP)数据

长大以后探火星:面向未来的火星探测揭秘/褚建勋,华蕾编著.—合肥:
中国科学技术大学出版社,2023.4
(长大以后探索前沿科技)
ISBN 978-7-312-05648-2

I.长… II.① 褚… ② 华… III.火星探测—青少年读物 IV.P185.3-49

中国国家版本馆CIP数据核字(2023)第058114号

长大以后探火星:面向未来的火星探测揭秘
ZHANGDA YIHOU TAN HUOXING: MIANXIANG WEILAI DE HUOXING TANCE JIEMI

出版　中国科学技术大学出版社
　　　安徽省合肥市金寨路96号,230026
　　　http://press.ustc.edu.cn
　　　https://zgkxjsdxcbs.tmall.com
印刷　合肥华云印务有限责任公司
发行　中国科学技术大学出版社
开本　710 mm×1000 mm　1/16
印张　12.75
字数　158千
版次　2023年4月第1版
印次　2023年4月第1次印刷
定价　48.00元

人物简介

爷 爷

60 岁，科科和阳阳的爷爷，K 大物理学教授，善良、沉稳、有耐心，是位学识渊博的物理学家。

科 科

15 岁，阳阳的哥哥，聪明、善学，是一名成绩优异的初中生。

阳 阳

10 岁，聪明好动，勇于冒险，喜欢看书，是一名热爱科学、善于思考的小学生。

前　言

　　荧荧火光，离离乱惑。当星际的云团逐渐散去，一颗神秘的红色星球映入眼帘。这颗距离地球最近且与地球最相似的行星，被认为是人类未来移居的理想场所，吸引着全球科学家不断探索。火星是一个对比鲜明的世界，南半球是布满撞击坑的高地，北半球则是可能存在过海洋的低洼平原，这颗星球上还有巍峨的火山、险峻的峡谷……这里充满神秘的气息。火星上存在生命吗？火星上存在海洋吗？今天，火星探测事业正在蓬勃发展，这个充满魅力与幻想的天体，神秘的面纱正一层一层被揭开。

　　在本书中，你将跟随科科、阳阳兄弟和 K 大的教授爷爷一起走进奇妙的火星，在浩瀚的宇宙中探索这颗红色星球运行的奥秘，了解火星表面地形、环境、大气、资源、内部结构，畅想未来登陆火星的场景。这是航天的梦想，也是我们的梦想。

目　录

遥远星球的探秘：

火星独特的自然风貌

1

寒假期间，爷爷带科科和阳阳去北京天文馆游玩。在这里，他们沉迷于浩瀚宇宙的美丽，遨游于天文知识博览的无垠"海洋"。他们通过色球望远镜天文台看到了太阳和月球，在全天域数字投影系统的逼真还原下，恒星、行星、卫星、星云、星团……神秘的宇宙仿佛触手可及，壮观的银河仿佛就在身旁。科科和阳阳沉迷在日月星辰的壮观魅力中无法自拔，无数闪着光辉的星球，无数光彩夺目的星系，还有无数宇宙探险家与他们的探险故事，都深深吸引着兄弟俩，而其中一颗血红色的星球激发了两人最强烈的好奇心。

1

初访星际中的
"荧荧火光"

阳　阳：爷爷！这颗仿佛正在燃烧的星球是什么呀？

爷　爷：这颗红色的星球就是火星，古人叫它"荧惑"。

科　科：为什么叫它"荧惑"呢？

爷　爷："荧荧如火，离离乱惑"，古代人们认为这颗如火荧荧的星球飘忽不定，令人迷惑，所以称作"荧惑"。

阳　阳：同样是遥远的星球，古人称月球都是一些美好的词，像"银盘""玉轮"，称"火星"却用"荧惑"，对两颗星球的态度为什么如此截然不同呢？

爷　爷：洁白如玉的明月，它的阴晴圆缺就仿佛是人的悲欢离合，所以常常被寄托思乡之情。但是，血红色的火星，忽明忽暗，行踪不定，令人难以捉摸，古人就将它和灾祸联系在一起，称它为"荧惑"。

科　科：我记得我看过一本书里这样描述火星："入夜，火星高高悬挂黑暗夜空，如正在熊熊燃烧的血红恶魔。"在西方文化中火星也是糟糕的意象吗？

爷　爷：没错，火星在西方文化中更是一个不祥之兆。在古巴比伦时期，人们把火星称作死亡之星"尼尔加尔"，古希腊与古罗马时期也把它与战争相联系，分别称它为战神"阿瑞斯"和战神"玛尔斯"。

阳　阳：火星红色的外观确实让它看起来不一般，它为什么是红色的呢？

爷　爷：准确来说，火星是血红色的。孩子们，你们有没有观察过铁锈是什么颜色的呢？

科　科：是血红色。

爷　爷：没错，火星的土壤中含有丰富的铁，它能与氧发生反应，形成氧化铁，氧化铁也就是我们日常生活中常见的物质——铁锈。人体血液之所以是红色的，就是因为人体血液中有一种物质叫作血红蛋白，它是一种含铁的蛋白质，血红蛋白在体内与氧结合，从而达到运输氧气的目的，火星的每颗尘埃中都包含这类红色物质，所以说火星是血红色的是不是格外贴切？

阳　阳：原来是火星"生锈"啦！那么爷爷，火星是怎么形成的呢？

爷　爷：那我们要从45亿年前开始说起了。与地球的形成相似，火星也是由岩石开始，不断与宇宙中的尘埃云里的物质颗粒吸附碰撞形成的。

科　科：火星为什么是球形的呢？

爷　爷：无论地球、月球还是火星，只要是在宇宙中运转的行星，它们的自转与公转都会受到各种引力的影响，这种力量就会将它们塑造成球形。

阳　阳：哇，原来火星是这样产生的呀！

科　科：爷爷，火星是固体行星，也是太阳系的重要成员，那么它和地球有哪些不同呢？

爷　爷：不同之处可多了！直观地说，火星要比地球小得多。火星的直径大约只有地球的一半，质量大约只有地球的十分之一。火星的密度相比其他的类地行星，如水星、金星等，要小很多。但是火星要远远大于月球，火星直径大约是月球的两倍，质量大约是月球的九倍。

阳　阳：可是为什么火星还是被称为"类地行星"呢？

爷　爷：孩子们知道"类地行星"具体指哪些星球吗？

科　科：我知道！"类地行星"是指与地球相似的、以硅酸盐石为主要成分的行星！

爷　爷：没错，火星与地球都是从岩石开始形成的，主要成分是非常类似的。

阳　阳：那么爷爷，火星与地球还有没有别的什么类似的地方呢？

爷　爷：一方面，火星同地球一样，既会倾斜着围绕一条轴线自转，也会围绕着太阳公转，至于它的自转轴倾角和自转周期，也都与地球相近。另一方面，火星和地球一样，也是不透明的固体行星，自转时面向太阳的半球就处于白昼，背对太阳的半球就处于黑夜，随着自转火星上也会产生昼夜交替。

阳　阳：火星上的一天也是24小时吗？

爷　爷：关于自转周期，火星与地球有些差别，一个火星日大概有24

星体形成前的宇宙尘埃

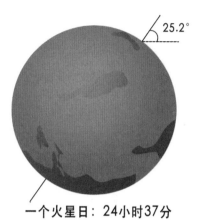

25.2°

一个火星日：24小时37分

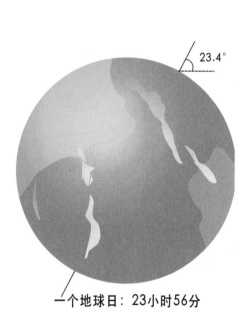

23.4°

一个地球日：23小时56分

小时 37 分 22.7 秒,略微长于地球。

科 科: 说完自转,火星的公转呢?

爷 爷: 火星的公转周期可就长啦,火星的公转周期为地球的两倍左右,大约 686 天。

阳 阳: 爷爷,那火星上也有四季的变换吗?

爷 爷: 当然有呀,与木星、水星这些少数"笔直"地运行在自己的轨道上的星球不同,火星的轨道有一个很大幅度的倾斜,所以火星上存在着很大的温度变化,也就是四季的变换。

科 科: 火星上的四季与地球上的四季有什么差别呢?

爷 爷: 火星的轨道相比地球轨道更"扁",所以火星上的四季长度很不均匀,"春夏"比"秋冬"长大约三分之一。而且不同季节之间的差异并不大,主要是温度不同。

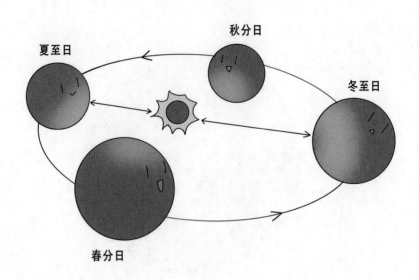

阳 阳: 那火星上的温度是什么样的呢?

爷 爷: 星球温度的决定因素是这个星球与太阳之间的距离,火星到太阳的距离要比地球到太阳的距离远,自然接收到的太阳辐射也很少。根据测算,火星上的平均温度大约为零下55摄氏度。

阳　阳：那如果把火星拉到与地球到太阳同等距离的位置,火星上的温度会不会跟地球一样呢?

爷　爷：火星上不存在板块运动,即使把它拉到与地球到太阳同等距离的位置,若无法实现碳循环,火星表面的温度仍比地球表面低得多。

阳　阳：火星和它的名字可真不一样,明明带着"火",竟然还这么寒冷啊!

爷　爷：前面说火星上的温差十分显著,事实上,火星在最冷的冬季,温度可以降到零下133摄氏度,但在夏季白天,气温又能升回到将近27摄氏度。

科　科：为什么火星上的温差会这么大呢?

爷　爷：我们可以在地球上舒适地生活,不会受到剧烈的温度变化与紫外线灼伤就是因为地球周边有一圈保护着我们的大气,但是火星上的大气十分稀薄,所以很难维持火星表面的温度,这才导致火星上的温差十分大。

阳　阳：火星上会有下雨、台风这些天气吗?

爷　爷：在地球上大气环流会带来降水、台风等天气,但是火星上大气稀薄,所以不会出现降水天气。火星上目前的气温足以使地表水冰冻,甚至能使很多气体结冰,加上高强度的风,尽管不会有降水天气,但是常出现沙尘暴天气,风与冰的相遇还会形成壮观的螺旋峡谷。

科　科：爷爷,火星上会有氧气和二氧化碳吗?

爷　爷：地球上空气的主要成分是氮气和氧气,但这两种气体在火

星上的空气里几乎都没有，二氧化碳才是火星空气的"主力"，占了火星空气的95.9%，所以我们现在是没有办法从火星的空气中直接获取氧气的。

科　科：爷爷，地球二氧化碳的含量上升会导致"温室效应"，使得全球气候变暖、冰川融化，那么二氧化碳为什么没有提高火星的温度呢？

爷　爷：科科知道得可真不少，连"温室效应"都清楚！在早期，火星上几乎所有的二氧化碳都被转化为含碳的岩石了，但是火星上没有地球那样的板块运动，所以二氧化碳没有办法再次循环到大气中，自然也就没有办法产生温室效应，火星上稀薄的大气仅能提高其表面约5摄氏度的温度。

科　科：既然火星上的空气组成与地球如此不同，那么火星表面的大气压是不是和地球上的也有显著差异呢？

爷　爷：没错。火星表面的平均大气压强仅约7毫巴，它随着高度的变化而变化，在盆地的最深处可达到9毫巴，但还是连地球大气压强的1%都达不到。

阳　阳：爷爷，什么是毫巴呀？

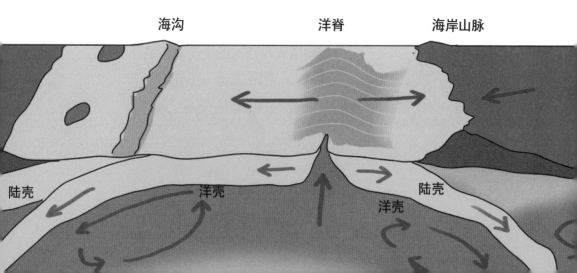

爷　爷：毫巴是一种测量大气压力的单位，1毫巴等于100帕，相当于0.76毫米水银柱高的压力。在地球表面，大气压强有将近1013毫巴呢。

阳　阳：那火星大气的力量听起来可太微小了！

爷　爷：但你可不要小瞧它！虽然在火星的奥林匹斯山脉的顶端仅仅只有1毫巴的大气压强，但是它也足以带来偶尔整月席卷整颗行星的飓风和大风暴呢。

考考你

你知道火星空气的主要成分是什么吗？

A. 氧气　　B. 二氧化碳

C. 氮气　　D. 氦气

2

探寻"飞沙走石"间的奥秘

科 科：爷爷，我们的地球家园不仅适合我们生存，还有山川河流、草原森林、沙漠绿洲等美丽的自然风光装点着我们的生活。火星上也这么美吗？

爷 爷：火星上可没有这么多景色，作为典型的沙漠行星，火星地表沙丘、砾石遍布，没有稳定的液态水体。大气稀薄，天气寒冷，沙尘悬浮空中，还常常有沙尘暴发生。

阳 阳：火星上为什么会出现沙尘暴呢？

爷 爷：太阳是火星一切天气的"核心电池"，火星转到轨道的不同位置时吸收到的太阳热量不同，温差导致压强和风出现，导致火星上刮起了沙尘暴。

科 科：火星上的沙尘暴与地球上的沙尘暴有什么不同吗？

爷 爷：在地球上，沙尘暴天气一般持续的时间不会太长，因为地球大气中充满水蒸气，它把灰尘颗粒黏结在一起，导致灰尘团越来越重，最终坠落。但是火星表面全是灰尘，大气中缺少水蒸气，所以与地球相比，火星上的沙尘暴天气会持续更长的时间。

阳 阳：原来是这样！爷爷，那么火星上会有龙卷风吗？

爷 爷：火星上一般会出现的是不伴随降雨的尘卷风，冲天的柱状旋风会席卷尘埃从地面上升起。

科 科：尘卷风主要发生在什么时间呢？

爷 爷：火星上的尘卷风一般是在仲夏的清晨席卷火星的南北半球，但火星上的空气压力低，反而导致尘卷风同沙尘暴一般，不

会对地表的航天器造成太大的威胁。

科 科：看来低气压虽然会带来坏天气，但也会保护航天器啊。

爷 爷：没错，所以说事物都有两面性，我们要客观地认识它们。

阳 阳：火星上有这么多的尘土，会有山脉吗？

爷 爷：哈哈，火星上面可不只有山脉。火星和地球一样拥有多样的
地形，除了高山，还有平原和峡谷等，而且火星南北半球的
地形有着强烈的对比——北方是被熔岩填平的低原，南方则
是充满陨石坑的古老高地，两个半球之间以明显的斜坡分
隔。火山地形穿插其中，风成沙丘也广布整颗星球。

科 科：这听起来可真有趣！爷爷，您能详细说一说火星上的地形地
貌吗？

爷　爷：好啊,那先说说高原火山吧！火星上的火山和地球上的不太
　　　　一样,火星上的重力较小,所以火山一般都很高,火星上缺
　　　　乏明显的板块运动,所以火山分布以热点分布为主,不像地
　　　　球有火环形状的构造。

阳　阳：火星上的火山是怎么形成的呢？

爷　爷：我们都知道地球上地幔中的炎热物质向上喷涌形成火山,但
　　　　是科学家们普遍认为火星的地壳是固定的,所以用地球去类
　　　　比火星是不科学的,目前关于火星上火山的成因仍然疑点重
　　　　重啊。

科　科：那这些火山具体是怎么分布的呢？

爷　爷：火星上的火山主要分布于火星上的塔尔西斯高原、埃律西姆
　　　　地区,也有部分零星地分布于火星南方高原。其中塔尔西斯
　　　　高原上有五座大盾形状的火山。这里面包括太阳系内最高

的火山山峰奥林匹斯山，它有27千米高，600千米宽；其他四座分别是艾斯克雷尔斯山、帕弗尼斯山、阿尔西亚山和亚拔山。

科　科：爷爷，这些火山会喷发吗？

爷　爷：当然！在2015年，科学家们发现一个长40千米、宽30千米、深度达1750米的火山口，经研究它可能是30亿年前的火山喷发形成的，其规模与地球上的黄石火山相当。

阳　阳：好壮观呀！

爷　爷：科学家们根据拍摄到的照片进行了大量的研究，研究结果表明30多亿年前火星可能发生过大规模火山喷发，因为火山灰和岩浆涌出地面，留下了很多痕迹。

科　科：什么样的痕迹能证明曾经发生过火山喷发呢？

爷　爷：根据火星探测传回来的照片，火星上存在很多火山坑，科学家们认为火星上有很多地方都是火山口，而且这些火山可能都是超级火山。

科　科：爷爷，既然火星上存在这么多火山和高地，那火星也一定和地球类似，存在着低地或峡谷吧！就像我们中国的三峡、雅鲁藏布江大峡谷那样！

阳　阳：不对呀，火星上的水那么少，怎么会冲刷出大峡谷呢？

爷　爷：提到峡谷，很多人可能会认为是流水冲刷形成的，但实际上除了水，还有由火山活动或者地壳张裂形成的峡谷。所以火星上是存在峡谷的。

阳　阳：原来形成峡谷的原因有这么多种啊！

爷　爷：是呀，火星地形地貌形成的复杂程度可不亚于地球。

阳　阳：那么火星上有河流吗？

爷　爷：尽管火星上的峡谷成因可能不是流水冲刷，但是那些或浅

或深的蜿蜒曲折的干涸河床,更宽更浅的大小峡谷,可以证明河流在相当长的一段时间内曾经流淌在火星上。

科　科: 既然火星上曾经存在过液态水流的痕迹,是不是意味着将来火星也会像地球一样出现河流、湖泊和海洋呢?

爷　爷: 没错! 如果火星曾经的环境能够使得液态水长期存在于地表之上,那我们就可以期待火星上再次出现河流,河流再流入低地,汇聚成为湖泊与海洋。事实上,科学家们提出过著名的"火星海洋假说",认为火星上面积最大的平原其实是远古海洋的海底面。

阳　阳: 如果"火星海洋假说"成立的话,那么火星上的海洋去哪里

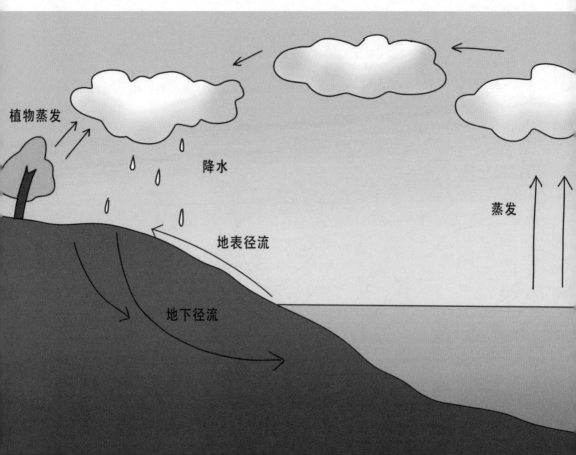

了呢？

爷　爷：科学家曾发现火星的土壤中有大规模的冰，这证明火星上的海洋曾经与大量的火星尘埃混合，被冰冻成冻土，这就是海洋消失的第一个原因。第二个原因也是地球上海平面下降的一个重要原因——蒸发作用。随着大气压下降，大量的水被"煮沸"，蒸发到了大气中。

科　科：您不是说火星上的空气中不含水蒸气吗？那么被蒸发的水蒸气去了哪里呢？

爷　爷：科科十分敏锐！没错，关于被蒸发的水蒸气可能到了哪里，科学家给出了一个权威的解释，就是"大气喷射"。科学家认为在火星的赫斯伯利亚纪演变阶段，大型陨石撞击，导致气体逃逸并且引发了灾难性的气候变化，最终导致火星上海洋的消失。

阳　阳：科科，那我们还去火星旅行吗？那里好像并没有迷人的景色呀。

科　科：阳阳你看，在这个阿克戎槽沟山谷里，有着神奇的黑色条纹土地；在诺亚高地，环形山陨石坑中壮观的沙丘地呈现出神秘的蓝色；在火山底部掩埋着的新月沙丘，形态奇特而美丽；还有这些火星探测器传回来的照片。火星怎么不美呢？

阳　阳：对！火星的美不在于它是否与地球相似，也不在于它是否拥有山川河流和湖泊海洋，它的美就美在壮观瑰丽，美在它的独一无二！

科　科：爷爷，地球上存在北极与南极，在特定的季节还会出现美丽的极光现象，那么火星上是不是也存在极光现象呀？

爷　爷：科科知道得可真不少！地球上的各种极光是我们能见到的

壮观景象之一。但地球并不是唯一能看到极光现象的天体。在水星、木星周围的一些卫星上甚至在一颗彗星上也发生过极光现象。尽管火星上没有磁场，但火星上极光现象时常会发生，并且最频繁发生在火星的南半球。

阳　阳：这可真是太神奇了！希望我们可以有机会亲眼看一看火星上的极光！

科　科：我们上次去南极看极光的时候，南极好冷，全是冰山。火星上也有冰山吗？

爷　爷：火星上没有液态水的存在，也就没有冰山，但是火星的南北两极覆盖着的明亮冰盖，点缀着火星的表面，就像是把地球上的极地冰盖移到了干旱的异域环境中一般。

阳　阳：火星上的极地冰盖会因为季节和温度的变化而变化吗？

爷　爷：当然啦！这也是科学家一直对火星上的极地冰盖的研究十分着迷的主要原因。极地冰盖会随着火星季节的变化而产生周期性的变化，极地冰盖在火星秋天的时候积聚扩大，等到火星春天来了的时候就会融化变小。

科　科：在地球上南极要比北极冷得多，所以南极的冰也要比北极的多得多。在火星上，南极冰盖也比北极冰盖多吗？

爷　爷：事实上，尽管火星北半球的环境温度普遍要比南极高得多，但是北极冰盖要比南极冰盖大得多，这是因为北极冰盖早期就有了巨大的水冻冰覆盖。但是到了冬天，南极冰盖会快速生长，从大气中压缩升华大量的固态二氧化碳。在春天两极冰盖就都会产生壮观的"星爆"现象了。

科　科："星爆"是什么呀？

爷　爷："星爆"有时候也被叫作"蜘蛛"，是发生在春天火星南半球的一种现象,这种现象一般形成在火星南极附近的冰层中。科学家认为"星爆"是火星表面固态二氧化碳储备升华的结果,就是火星中的固态二氧化碳储备冲破地表,像喷泉一样喷射出去。人们给这种现象起了一个美丽的名字,叫作"星爆"。

阳　阳:哇!这听起来实在是不可思议!火星真是一个奇妙的星球!既然火星表面没有液态水,那会不会有地下水呢?

爷　爷:哈哈,你的猜测有道理。在不久前,科学家就借助探测器在火星上发现了七个奇特洞穴。这七个洞穴又宽又深,由于从洞口基本观测不到洞底,科学家们猜测洞穴中可能存在着水。并且,火星勘测发现的线索显示,火星表面可能曾经有水,而且火星可能有地下水。

科　科:洞穴中如果有水,会不会也存在着生命呢?

爷　爷:这也是发现洞穴的重要意义。如果火星上曾经有原始生命的形式存在,这些洞穴可能是火星上仅有的能为生命提供保护的天然结构。除此以外,每当夏季,这些洞穴里就会冒出甲烷,更增加了洞穴中存在生命体的可能性。

阳　阳:尽管火星上空气稀薄,成分也不适合像我们人类一样的生命

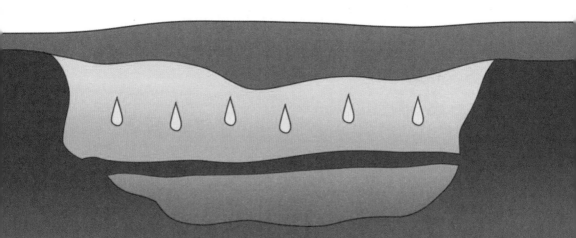

生存,但科学家仍然敢于做出这颗红色星球上存在生命体的假设,并从相对简单的生命形式开始探索,我想这就是科学的伟大吧!

爷 爷:阳阳说得对,事实上火星的确有着适合生命生存的条件,科学家正在尽全力勘测火星上适宜的条件,说不定火星上的洞穴未来会成为我们人类登陆火星之后的居住点呢!

考考你

火星上存在极光吗?

A. 存在　　　B. 不存在

3 "参观"火星景点

阳　阳：现在我们知道了火星这颗神秘的红色星球上，有冰冷的北方高原、广袤的沙丘地带，也有高耸的火山、深邃的峡谷，还有蜿蜒的河谷和布满陨石坑的高地，我还想知道火星上具体有哪些景观！

科　科：对呀，爷爷，您能不能带我们好好认识一下火星上的景观，等我们可以登陆火星的时候，我们就可以去认识的地方打卡啦！

爷　爷：好好好，那我们就一起去认识几个著名的火星景观吧！

阳　阳：我们地球上有各种地图，爷爷，火星有没有地图呀？

爷　爷：当然有了！2010年美国科学家根据美国国家航空航天局（NASA）"火星奥德赛"探测器传回的数据制作完成了精确的火星地图。

科　科：那您能不能先给我们介绍一下奥林匹斯山？我对这座太阳系最高的火山太好奇了！

爷　爷：奥林匹斯山是太阳系中最高的火山，超出火星表面平均基准线大概21.2千米，直径有624千米，地球上最高的山峰珠穆朗玛峰的海拔也仅仅只有8848.86米，而奥林匹斯山有地球最大的火山——莫纳克亚火山100倍大！

阳　阳：哇！不愧是太阳系最高的火山！令人叹为观止！

爷　爷：没错，奥林匹斯山同火星上所有巨大的火山一样都是盾状的火山，是由沿着侧面的重复喷发活动累积而成的庞大火山岩山脉。

科 科：为什么火星上会形成这么高的山呢？

爷 爷：地球上的山脉由于地壳的不断移动重组，火山活动的地质因素很难固定在一个地方。但在火星上，由于地壳完全静止，火山活动的热点因素十分固定，持续的喷发导致火星上形成了数座巨大的火山。

科 科：原来是这样！

爷 爷：不过，在科学家发现火星火山热点有移动轨迹之后，开始对火山地壳完全静止这一观点产生了质疑，但具体奥秘还需要科学家去不断探索。

阳 阳：爷爷，奥林匹斯山是太阳系中最高的火山，那么它是不是面积最大的火山呢？

爷　爷：尽管奥林匹斯山是太阳系中最高的火山，但是论起面积来它还不算火星上最大的。"火星最大火山"的名头被亚拔山抢走了！

科　科：爷爷，您能不能给我们介绍一下亚拔山呀？

爷　爷：亚拔山是一座巨大的低地盾状火山，面积与北美洲大陆相当，它的南北跨度等同于北京到广州的距离。尽管面积巨大，但亚拔山仅高出火星地表基准面6.8千米。

阳　阳：爷爷，还有呢？这座火山还有没有什么其他奇特的地方呢？

爷　爷：亚拔山有一种奇特的地貌，被称为"连鬓胡子"，这种地貌只能在火星上很少的一些地方见到。奥林匹斯山与亚拔山都坐落在火星的西半球，在这里占据最多面积的是塔尔西斯高地，这个名字来源于《圣经》，含义是"极西之地"。它是一个巨大的火山高原，孕育了太阳系中的部分大型火山。诺克提斯迷宫和水手谷也在这里延伸。

阳　阳：爷爷！我最喜欢走迷宫了，您能再给我讲讲诺克提斯迷宫吗？

爷　爷：诺克提斯迷宫还可以翻译成"夜之迷宫"，它连接了巨大的峡谷系统和塔尔西斯高地西北边之间的鸿沟，因为地形像迷宫一般而得名，有无数大山，还有很多又深又陡的峡谷。

阳　阳：那么水手谷呢？

爷　爷：水手谷被认为代表了火星上最为显著的地表特征，几乎环绕了火星赤道以南的整个半球，延伸了大约4000千米，比北美洲大陆都宽。

阳　阳：它为什么被叫作水手谷呢？

科　科：这个我知道！它是以火星轨道飞行器"水手号"来命名的，

"水手号"是发回第一批水手谷照片的飞行器！

爷 爷：科科说得对，"水手号"在20世纪70年代前期发回了第一批水手谷的细节照片，让人们得以揭开它神秘的面纱。水手谷并不像地球上的峡谷一样由水流雕蚀形成，而是因地壳受力发生断裂，在火星表面形成了地质断层裂口，十分奇特。

阳 阳：原来如此！那么爷爷，火星东半球主要有什么典型的地形地貌呢？

爷 爷：和西半球不一样，火星的东半球是一片低洼地，有一个知名的山间盆地叫作希腊盆地。它是太阳系行星较大的陨坑之一，基本上能够放下一座喜马拉雅山呢。希腊盆地是火星上第一批真正被分辨出来的特征地形之一，由伟大的意大利火星观测家斯基亚帕雷利命名。

科 科：爷爷，希腊盆地是怎么形成的呢？

爷 爷：刚刚说过，希腊盆地其实就是一个巨大的陨石撞击坑，是目前火星上被确认存在的最大的一个陨石坑，大致形状是圆形，它也是火星的最低处，这里是火星气压最高的地方，因此，希腊盆地有些地方高得甚至足以使水停留在地表。

阳 阳：那么这里是不是最有可能出现火星上第一个新海洋呢？

爷 爷：没错，希腊盆地本身就是火星历史上一个自然的排水盆地，甚至有强有力的证据表明，在过去，水曾经流淌在平原上，塑造着希腊盆地陨石坑的底部。而且希腊盆地被证实了确实存在冰川结构，这也证明了火星上存在水冰，就在地表尘埃层之下。

科 科：真希望我们未来可以在希腊盆地的海洋里遨游！爷爷，那么火星的北半球是什么样的呢?

爷　爷: 火星的北半球如同地球的深海平原一般平坦——这也是火星上曾有海洋存在的诱人证据。火星的北极被一片辽阔的平原环绕着,这就是北极大平原,中央抬升的极地地区就是北极高原。

阳　阳: 讲完北半球,爷爷再给我们讲讲南半球吧!

爷　爷: 与北半球的平原相比,火星的南半球则是充满了古老的撞击坑的高地,火星表面约三分之二的面积都是布满陨石坑的高原地势,整个南半球都是高原地势,与北方的低地平原形成了鲜明的对比。火星上的南方高原布满了大撞击晚期之前的历史伤疤。

阳　阳: 什么是大撞击呀?

爷　爷: 在大约39亿年前,彗星和小行星在气态巨行星的运动中被抛出,撞击着太阳系内部脆弱的星球。

科　科: 那么地球受到了这场撞击的影响吗?

爷　爷: 当然啦,这场撞击对地球有着非常重要的意义。科学家认为,这场撞击使得带有冰的小行星进入了地幔,给地球带来了生命之源——水。水使得地球变软,开启了板块构造这个大工程,从而导致了大陆的分裂和海洋的出现,并为地球上生命的出现与进化创造了条件。

科　科: 看来这场大撞击只为火星带来了许多的伤疤,并没有给它带来水和生命啊。

爷　爷: 没错,火星的地壳没能在板块构造的进程中实现再生。

科　科: 在地球上北极和南极的天气有很大差别,那在火星上,北极和南极的天气也有差异吗?

爷　爷：没错，尽管火星南极冰盖与北极冰盖被侵蚀的样式表面似乎相同，但南极冰盖少有清晰的螺旋状结构，这就是南部高原的天气要比北部平原复杂的缘故。

考考你

你知道太阳系中最高的火山是哪一座吗？

A. 奥林匹斯山　　　B. 珠穆朗玛峰

C. 莫纳克亚火山　　D. 亚拔山

4

神秘的内层与
外环卫星

科　科：爷爷！我们刚学了地球的内部结构为地核、地幔和地壳，那么火星的呢？是火核、火幔和火壳吗？

爷　爷：哈哈哈，科科举一反三的精神值得赞扬！其实啊，火星的结构也是分为火星核、火星幔和火星地壳，不过在元素与物质组成上与地球存在差异。

科　科：爷爷，据我所知，火星探测器只能在地表勘测，那我们怎么知道火星内部是什么样的呢？

爷　爷：火星的内部情况主要是根据它的表面情况资料和有关的大量数据来推断的。人类已经发射了许多探测器去火星进行探测，带领我们看清火星内部的就是"洞察号"，是美国国家航空航天局在2018年发射的火星着陆器，主要任务就是了解火星的内部结构。

阳　阳：哇！那"洞察号"具体做了什么工作呢？

爷　爷：从着陆开始到现在，"洞察号"已经测量了超过700次的火星地震，并利用其中35次的数据，帮助科学家绘制了一幅史无前例的火星地壳、火星幔以及火星核的地图，这也是人类历史上首次利用地震数据对其他行星进行内部结构的研究。

阳　阳：地震这么可怕，人们想躲避都来不及，科学家们居然能用它来推测火星的内部结构？这真是不可思议！

爷　爷：地震的确是地球上令人恐惧的自然灾害之一，但是在没有人烟的星球上，地震的确是科学家研究天体内部结构的重要工具。当地表深处某个位置发生震动时，地震波就会开始向周围各个方向传播,并且在遇到不同的物质时产生不同的传播和反射效果。通过分析这些特征,科学家就可以推测出星球的内部结构。

科 科:这样我们不必深入火星内部,也能知道里面是什么样的了!

爷 爷:没错,虽然火星的板块活动弱,但仍然有超过700次的火星地震被记录,并且其中35次地震的强度足以帮助科学家进行分析了。

科 科:爷爷,先给我们介绍一下火星地壳的结构和特点吧!

爷 爷:火星地壳的厚度为24～72千米,差异很大,最薄的伊希地撞击平原处和最厚的塔尔西斯火山处相差大约100千米。

阳 阳:爷爷,那火星幔呢?

爷 爷:火星幔夹在火星地壳和火星核之间,厚度约1560千米。火星幔的构成与地幔不同。火星幔层范围可以抵达火星地表以下800千米处。根据科学家的研究,火星幔放射性元素含量较高,从内部加热了整颗星球。在火星幔层之上的火星地壳和火星幔构成的岩石圈具有良好的传热效果。

科 科:这些研究成果或许能解释为什么火星没有地壳变动却存在火山。

爷 爷:最后让我们来说说火星核吧!火星核比人们想象的要大得多,半径可达1830千米。要知道,火星半径也就是3390千米,这意味着火星核的半径超过了火星半径的一半。

科 科:爷爷,火星核是由什么构成的呢?

爷 爷:经过研究,科学家考虑到火星核比想象的更大,所以它的密度要更低一些,研究人员据此推测,或许在核心处的元素除了铁和镍这类比较重的金属之外,还有硫、氧、碳、氢等相对比较轻的非金属元素。

阳　阳：看来火星的内部结构比我们想象的还要复杂啊！可是爷爷，科学家这么费力地发射卫星和探测器，去研究那么遥远，而且又看不见摸不着的火星内部，有什么作用呢？

爷　爷：你说得没错，科学家和研究人员的确花费了很大的功夫开展研究，对地核的研究，花费了数百年的时间。在"阿波罗"任务之后，人类对月核的测量也耗费了40年之久。而时至今日，"洞察号"仅仅花了2年的时间，就探测到了火星核，你说这是不是人类文明和科技重大进步的体现呢？

阳　阳：科技的发展真是太快了！

爷　爷：科学家探测火星结构，尤其是探测火星核，很大程度上是为了帮助我们了解火星是如何失去它的磁场以及内核的行星发电机效应的。正是因为失去了磁场，太阳风长驱直入，逐渐吹散了火星的大气层，火星上的水也被蒸发了，火星最终从曾经宜居的天体，变成了如今这幅荒凉的景象。

科　科：通过这些研究我们也可以更好地了解地球磁场的运行机制，这对于地球上的我们来说，同样至关重要。

阳　阳：看来我们除了直接研究脚下的土地，还可以从火星上获取灵感！

爷　爷：所以你们在日后的学习过程中也要拓宽视野，主动寻找多种解决问题的方法。

阳　阳：爷爷，您看这张照片，火星外还围绕着小圆点，这些是什么呀？

爷　爷：这是火星的卫星，火星有两颗天然卫星，分别是火卫一和火卫二，它们在1877年由美国的霍尔发现。大多数科学家认为这两颗卫星是被捕捉到的小行星,也有一些人认为它们不是来自小行星带,而是来源于太阳系之外。

阳　阳: 它们距离火星有多远呢?

爷　爷: 火卫一离火星中心9370千米,火卫二离火星要更远一些,有23500千米。两颗卫星在太空中呈现出不规则的土豆状外形,上面还布满了大大小小的陨石坑,表面有着高低起伏的层次。

阳　阳: 那这两颗卫星有自己的名字吗? 就像以战神的名字命名火星那样?

爷　爷: 当然有,人类的想象力是无穷的! 火卫一的别名是福波斯(Phobos),火卫二的别名是戴莫斯(Deimos),福波斯和戴莫斯在古希腊神话中是战神阿瑞斯(火星的象征)和美神阿佛洛狄忒(金星的象征)之子。

阳　阳: 这听起来可真有意思!

科　科：爷爷,能再详细说说这两颗卫星吗? 我想知道它们是怎么围绕火星运动的。

爷　爷：好的。火卫一的环绕运动半径小于同步运行轨道半径,因此它的运行速度较快,通常每天都有两次西升东落的过程。但由于它离火星表面过近,是太阳系内距离行星最近的卫星,以至于从火星表面的任何角度都无法在地平线上看到它。

阳　阳：火卫一离火星这么近,会不会转着转着就一不小心撞上火星呀?

爷　爷：你别说,还真的有这种可能。由于火卫一的运行轨道小于同步运行的轨道,所以潮汐力正不断地使它的轨道变小,火卫一正以每世纪20米的速度接近火星。所以,大约5000万年后,火卫一不是撞向火星,便是像你们在科幻电影里看到的那样,在突破火星的洛希极限时被撕成碎片,重新分解形成火星环。

科　科：那火卫二呢?

爷　爷：两颗卫星的轨道都不稳定,火卫一有加速现象,轨道不断变小,而火卫二却在慢慢远离火星。

科　科：爷爷,您刚才说火卫一和火卫二的表面都是凹凸不平的,它们是由什么构成的呢?

爷　爷：根据研究,火卫一和火卫二可能是由富含碳的岩石构成的。但由于它们的密度太低了,所以不可能是由纯岩石构成的,很有可能是由岩石与冰的混合物构成的,并且它们都有很深的地壳坑。

科　科：所以两颗天然卫星上面都有陨石坑吗?

爷　爷：是的,火卫一上最大的陨石坑是斯蒂克尼陨石坑,直径大约

9千米。你们想一想,火卫一最大直径也只有27千米,这个9千米的陨石坑实际上看上去还是非常壮观的。

阳　阳:确实很庞大!

爷　爷:火卫一的逃逸速度很慢,只有地球的千分之一。想想看,我们站在地球上发力蹦跳,蹦起来的瞬间就会被引力"抓"回地面。如果地球上的一个专业跳高选手能站到火卫一表面,只要他跳起来,就能把自己"发射"到太空中。

阳　阳:这么神奇,都不需要外力帮助就能飞上太空了!

科　科:爷爷,就像您刚才说的,研究其他的小行星会对我们研究地球产生助益,想必勘探火星的卫星也有不少重要意义吧!

爷　爷:对!科学家将火卫一和火卫二视为研究火星的非常重要的中转站,未来可能得到许多意想不到的成果!

阳　阳:真是太让人期待了!

考考你

火星的天然卫星有几个?

A. 1个　　　B. 2个

C. 3个　　　D. 4个

2

广袤星球的内部：
火星蕴藏的丰富资源

爷爷："科科，阳阳，今天我要带你们一起去探索火星的奥秘。"阳阳率先反应过来："爷爷，您要带我们去哪啊？"爷爷却在这时候卖起了关子，笑呵呵地说："我先保密，等到了你们就知道啦。"一路上，科科和阳阳叽叽喳喳地讨论个没完。到了目的地，科科和阳阳就被眼前的景象震撼到了，爷爷带他们来到了航天展，这次展览的主题是探索火星内部的奥秘。在这里，他们看到了火星地下的液态水湖、火星上的甲烷、火星上古老的有机物、火星上的矿石……这一次，他们将探寻这个红色星球内部的奥秘，他们会发现什么呢？

1

火星上有
地下湖吗？

阳　阳：爷爷，哥哥，你们快来看！这里展示着火星地下的液态水湖呢！

科　科：火星地下真的有湖泊吗？我记得火星地表干燥，不存在水啊。

爷　爷：科科说得不错，火星地表确实不存在水。但在火星南极永久二氧化碳冰盖下和一些环境更为温和的浅层地表下存在着丰富的水冰资源哩！

科　科：水冰肯定很久之前就存在了，这是不是说明火星上曾经存在水？

爷　爷：没错。对此，科学界有多种不同的解释，其中被大众普遍接受的观点是火星大气层急剧变薄造成了低气压，导致火星上水的蒸发。

阳　阳：火星上的水是怎么被发现的呢？

爷　爷：一直以来，火星地表干燥，科学家都认为火星上根本不存在
　　　　水。直到一个叫作奥杰拉的学生发现了火星上存在液态水
　　　　的强有力线索。

阳　阳：一个学生发现了这么重大的线索？

爷　爷：是啊，奥杰拉是美国佐治亚理工学院的地质科学博士生，他
　　　　平日特别爱思考，这次的发现也离不开他爱思考的好习惯。

科　科：他究竟发现了什么呢？

爷　爷：奥杰拉从2007年火星勘测轨道器拍摄的高清图像上发现了
　　　　一些条纹，奥杰拉将发现的这些条纹命名为季节性坡纹。

科　科：这些坡纹是什么呢？

阳　阳：我觉得是火星上风吹过的痕迹。

爷　爷：阳阳今天表现很好，能看出来动脑筋思考了，那阳阳说得到
　　　　底对不对呢？奥杰拉通过计算机算法去除干扰因素之后，发
　　　　现了一个规律——这些条纹会随着季节的变化而变化。

阳　阳：那这又能说明什么呢？

爷　爷：奥杰拉发现，当气温上升时，这些季节性坡纹会不断扩展，而当气温下降时，这些坡纹又会消失不见。奥杰拉还发现，这些季节性的坡纹常常在同一位置反复出现。

阳　阳：这些坡纹不是随气温变化而变化吗？怎么又和液态水扯上联系了呢？

爷　爷：这就是奥杰拉的厉害之处。他大胆地猜测这些季节性坡纹与液态水体的流动有关。奥杰拉和他的同学们对这一课题进行了深入研究，最终证明了火星地表上的季节性坡纹就是沙土里的液态盐水。

阳　阳：那后来科学家根据奥杰拉的研究找到火星上的液态水体了吗？

爷　爷：虽然奥杰拉首次找到并证明了液态水存在的证据，但质疑的声音也层出不穷。直到2018年，科学家在火星南极的1.5千米的厚冰盖下，发现了一个直径达20千米的液态水湖泊。这也就是你们刚刚看到的那个"液态水湖泊"。

阳　阳：爷爷，20千米是多大呢？我都想象不出来这个液态水湖泊的大小。

科　科：这个我知道，20千米等于20000米。我们学校的操场一圈是400米，我们跑50圈就是20千米。

阳　阳：哇！那这真的很大啊！

爷　爷：直径20千米的湖泊确实不算小，西湖最宽的地方也只有3.2千米。但这20千米的直径对于湖泊来说，其实并不算是一个非常大的测量概念，因为科学家还没有探测到这个液态水湖泊的深度，只是估计它至少有1米。

阳　阳：爷爷，那这个液态水湖泊是不是能证实火星上液态水的存在了？

爷　爷：没那么容易得出结论，部分科学家质疑那是地下冰川，并不是液态水。近些年，"凤凰号"和"好奇号"火星探测器都曾在不同位置的火星土壤中检测到高氯酸盐的存在。但这些只能说明火星上存在液态水的证据更充分了，还是无法给出确定的答案。

阳　阳：那要到什么时候才能确定火星上是否存在液态水呢？

爷　爷：我想只有某一天人类能够在火星上打孔钻探，亲眼见到了液态水湖泊，才能打消所有质疑的声音。

科　科：科学的发现真的太艰难了！

爷　爷：是啊。这种科学探究完全就是靠科学家长期的坚持和不断

的努力，一点捷径也没有。我倒是有一个问题想考考你们。你们说，人类可以直接使用火星上这个液态水湖泊的水源吗？

科 科：不可以的！就像地球上各种水资源占到了地球的71%，但是真正能为人所用的水还不足2%。

爷 爷：科科答对了。这个液态水湖泊深藏于地底，温度极低，并且充满了盐和其他矿物质混合物。湖中的高含盐量更使大多数生命难以存活。

阳 阳：可是爷爷，既然不能直接使用，科学家发现这个液态水湖泊还有意义吗？

爷 爷：阳阳，当然有意义了！虽然这些地下湖的水是盐水不能直接饮用，但这表示了火星上曾持续存在水源，并且在很长一段时间内，这个行星具有孕育生命的条件。在新的探测中，科学家还发现了火星上可能存在另外三座冰下湖，它们都位于南极冰盖下方1.5千米的地方。

阳　阳：真是令人激动！这是不是可以说明火星上很早就存在生命了？

爷　爷：阳阳，当然不能这样轻易下结论了。即使科学家在火星下找到了液态水，也不意味着火星上有生命的存在。

阳　阳：爷爷，这又是为什么呢？

科　科：阳阳，要想形成生命，除了水还要有空气和有机物啊！

爷　爷：即便只考虑水，情况也不容乐观。在火星上，一方面湖泊必须含盐量非常高才能保持液态，另一方面湖泊的含盐量不得超过海水含盐量的5倍才可以维持生命，这两者之间本就是矛盾的。

阳　阳：那这又怎么去解释呢？

爷　爷：火星上液态水的存在还疑点重重。这一切疑问，还有待科学家用进一步探索出的证据去解开。

考考你　你知道率先找到火星存在液态水的强有力线索的人是谁吗？

A. 阿萨夫·霍尔

B. 尤里·加加林

C. 奥杰拉

D. 康斯坦丁·齐奥尔科夫斯基

2 "时隐时现"的甲烷

科 科：阳阳，你过来看这个"火星上的甲烷"块。

阳 阳：甲烷是什么呀？

科 科：这个我知道，化学老师给我们讲过，咱们日常使用的天然气的主要成分就是甲烷。

阳 阳：原来是这样。

科 科：甲烷主要作为燃料使用，在天然气和煤气中，都有它的身影。

阳 阳：科科，那火星上怎么也有甲烷呢？

科 科：这我就不知道了，我们一起去问问爷爷吧！

阳 阳：好！

科 科：爷爷，火星上怎么也有甲烷呢？

爷 爷：听我慢慢给你们讲。2019年6月23日，美国国家航空航天局发射的"好奇号"火星探测器在执行任务时，在火星大气中发现了甲烷羽流。这在当时激起了广泛的讨论。

科 科：爷爷，为什么甲烷羽流的出现闹出了这么大动静呢？

爷 爷：这是因为甲烷的出现，极大可能暗示着火星上真的可能存在生命。

阳 阳：为什么甲烷的出现就意味着火星上可能存在生命呢？

爷 爷：科科，你上过科学课，你来给阳阳普及一下甲烷的基础知识吧。

科 科：我们老师说过，甲烷也叫瓦斯，它无色无味，是最简单的一种有机物。虽然甲烷可以人工制造，但大部分甲烷产生于生物的新陈代谢中。

爷　爷：科科说得没错，几乎所有甲烷的形成都离不开生物因素。在地球上，90％以上的甲烷排放都来源于微生物和其他有机体。甲烷可以产生于动物的新陈代谢活动中，例如牛在消化草食时通过"打嗝""放屁"，将甲烷排放到大气中。

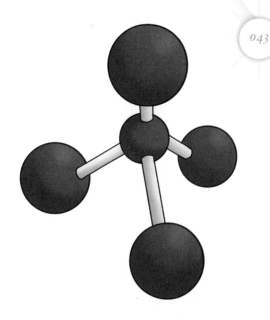

阳　阳：好神奇！

科　科：甲烷也会存在于植物的新陈代谢中，比如夏天湖底的淤泥里经常会冒出气泡，这实际上是水底的微生物排出来的甲烷气体。

阳　阳：哇！这些原来就是甲烷啊！原来我也见过甲烷，只是我不认识它罢了。

爷　爷：没错！除此之外，甲烷还有一个奇妙的特性。太阳紫外线的照射会让甲烷迅速分解，大概12年的时间，太阳光就会把空气中的甲烷完全分解掉。

阳　阳：这是不是说明了一旦发现甲烷，就一定是近些年释放出来的？

爷　爷：阳阳，你的理解完全正确！很多人称"火星上的甲烷"为"火星上的生命"，火星上甲烷的出现，可视为火星上生命存在的一种信号。

科 科：爷爷，我还有一个疑问，如果12年内人类还无法找出甲烷存在的原因，那这部分甲烷消失了，我们不就更没法研究了吗?

爷 爷：是的，所以说这给科学家的研究带来了新的挑战。

阳 阳：爷爷，既然甲烷是一种气体，那么这种无色无味的气体在火星上是怎么被科学家检测出来的呢?

爷 爷：检测出甲烷的是"好奇号"火星探测器上一种叫作可调谐激光光谱仪的仪器，这种仪器精度非常高，它可以检测到空气中含量只有十亿分之一的微量气体。

阳　阳：这种仪器好厉害呀！

爷　爷：火星上的甲烷非常神秘，"好奇号"火星探测器每次检测到
　　　　甲烷气体，想对它进一步追踪时，它都会不见踪影。

阳　阳：那有没有可能是"好奇号"检测失误了呢？

科　科：是啊，爷爷，火星上真的存在甲烷吗？

爷　爷：科学家比我们更迫切地想找到这个问题的答案。为了弄清
　　　　火星上甲烷的谜题，欧洲航天局和俄罗斯航天局联手制订
　　　　了 ExoMars 计划，计划的主要目的就是探测火星大气层的
　　　　组成成分，特别是对火星上的甲烷进行探测。

阳　阳：两个技术先进的航天局准备联合发射探测器到火星就为了探测大气层组成和甲烷，看来甲烷真的很重要。

爷　爷：当然了！ExoMars搭载的气体跟踪轨道器（TGO）的灵敏度较以前仪器高出许多，精确度可以达到万亿分之五十。哪怕是非常非常微量的甲烷分子，TGO也能够检测到它们。

阳　阳：爷爷，这么厉害的工具肯定能找到甲烷了吧！

爷　爷：2016年TGO到达火星轨道，然而，经过两年的工作，TGO还是没能探测到火星上甲烷的存在。

科　科：啊！连这么精密的仪器都没能发现甲烷的踪迹吗？甲烷还真是"狡猾"呀。

爷　爷：科学家推测可能是因为"好奇号"这样的火星地面探测器比TGO这样的轨道器更适合探测甲烷。就在对火星上是否存在甲烷争论不已的情况下，2019年欧洲航天局公布了"火星快车"探测器于2013年监测到甲烷分子的事实，"火星快车"发现甲烷的地点恰好是当时"好奇号"所处的地方。

阳　阳：这下可以证明"好奇号"的发现不是巧合了吧！

爷　爷：这一发现确实进一步证明了"好奇号"的发现不是巧合，但一切还需要开展更进一步的研究。

科　科：爷爷，那之后的进展如何呢？

爷　爷：为了进一步查明甲烷的来源，研究人员采用"后向轨迹分析"的方法。通过后向追溯火星气团和模拟，研究人员发现甲烷可能来自盖尔陨石坑西北部的一个大型的撞击坑中。

科　科：为什么甲烷会来自这里呢？

爷　爷：也许这真的与火星上的生命有关。

阳　阳：爷爷，"好奇号"还在继续寻找吗？

爷　爷：当然了！我相信找到甲烷只是时间问题,我们与"火星生命"之间的距离已经很近了。

考考你

哪个火星探测器曾在火星上检测到了甲烷的存在?

A."勇气号"　　B."好奇号"

C."毅力号"　　D."TGO"探测仪

048

3
古老的有机物

爷　爷：孩子们，还记得上次我和你们说过的盖尔陨石坑的撞击坑吗？

科　科：爷爷，我记得！"好奇号"正是在那附近发现了甲烷。

爷　爷：科科说得没错。2012年8月"好奇号"火星探测器在盖尔陨石坑中心着陆后，便对该区域进行了细致的探测，不仅包括对甲烷的检测，还包括对周围岩石、矿物质、有机质的探测。

阳　阳："好奇号"真是厉害呀！

爷　爷："好奇号"是个打钻小能手，它不仅可以探测出火星表层的物质，还可以通过打钻来测量火星表层以下几厘米处埋藏的物质。

科　科：爷爷，那"好奇号"有没有发现什么？

爷　爷：它发现了有机物！"好奇号"在火星上一处叫作坎伯兰（Cumberland）泥岩的地方探测到了2~4个碳原子的二氯烷烃，甚至含有6个碳原子的氯苯。

科　科：二氯烷烃和氯苯是什么呀？我都没有听说过它们。

爷　爷：它们都是有机物的一种，但是它们的有机物含量都不高。

阳　阳：爷爷，那究竟什么是有机物？

爷　爷：有机物是生命产生的基础，生物的新陈代谢都与有机物有着密切的联系。

科　科：爷爷，发现少量有机物后，"好奇号"还继续进行探测吗？

爷　爷：当然了！"好奇号"继续对处于穆雷构造一带的泥岩进行了勘探，从中发现了新的有机物成分。不仅如此，更重要的是这次勘探到的有机物总量是之前勘测到的总量的 100 倍以上。

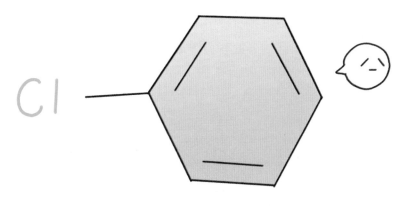

二氯烷烃或氯苯分子结构

科 科:"好奇号"为什么在这个地方发现了总量远高于其他地方的有机物呢?

爷 爷:这个嘛,科学界关于这个问题存在着多种解释。一部分科学家认为这个地方含河流三角洲沉积物,所以有丰富的有机物不足为奇;另一部分科学家认为这一带有机物暴露时间短,受到其他因素的影响小。

阳 阳:那之后有什么新的发现吗?

爷 爷:当然了!科学家后来在杰泽罗火山口的岩石中采集到了两个样本,令人兴奋的是样本中发现了有机分子。美国国家航空航天局的科学家认为这可能是火星过去存在生命证据的物质或结构体现,但单一的有机物发现还不能证明火星上古老生命的存在。

阳 阳:爷爷,这听起来好复杂呀。

爷 爷:因为并非所有的有机物都需要生命才能形成,除了生命活动之外，一些无机过程、地质过程，例如火山作用，都有可能在火星上形成或带来有机物。

科科：那科学家有没有进一步推证火星上这些有机物的成因呢？

爷爷：当然了。这些年科学家一直在努力还原火星上有机物的形成过程，其中一个重要方式就是分析火星样本的碳同位素构成。

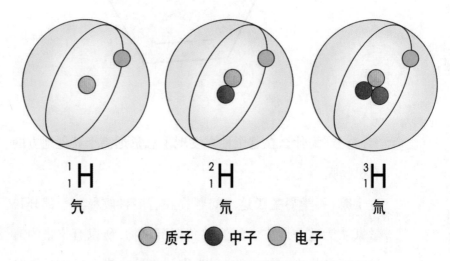

^1_1H 氕 　　 ^2_1H 氘 　　 ^3_1H 氚

⬤ 质子　　⬤ 中子　　⬤ 电子

具有相同质子数，但不同中子数的原子互为同位素

阳阳：什么是碳同位素构成呢？我都有点听不懂了。

爷爷：自然界中的碳以多种同位素的形式存在，我们可以对火星岩石中的碳同位素成分进行研究，从而推测其形成原因。

阳阳：那从火星样本的碳同位素构成中，科学家有什么新发现吗？

爷爷：2014年，中国科学院的科学家在一块落在摩洛哥沙漠的火星陨石中发现了有机碳，通过测定其碳同位素发现这块火星陨石具有富 ^{12}C 的特征，与火星生物的成因保持了一致。但是，他们还没法完全排除这些有机碳来源于小行星撞击的可能性。

科科：有机质的发现不一定是生命存在的证据，有机质的存在可能还有其他影响因素。

爷爷：是这个道理。

阳阳：爷爷，是不是无法排除其他因素的影响，我们就无法断定这些有机物与生物活动有关呢？

爷爷：没错，科学研究最重要的就是严谨。在无法排除其他因素影响时，不能轻易下结论。就像我们前面提到由于无法确定火星上甲烷的来源，我们现在还不能百分之百确定火星上存在甲烷。

阳　阳：我明白了，爷爷。科学发现不能轻易下结论，一定要证据充分才行。

爷　爷："好奇号"对火星生命的探索还没有停止。"好奇号"还继续行走在这片古河床中，寻找着其他有机物的痕迹。

科　科：既然还没有得到结论，那未来我们的火星探测计划肯定是继续寻找"火星生命"。

爷　爷：科科说得对！我国火星探测计划与美国国家航空航天局未来探测的重点一样，都是进一步寻找火星生命。甲烷、有机物以及火星上液态水的发现，虽然不一定是火星上生命存在的直接证据，但无疑让我们未来移居火星的可能性变大了。

科　科：哇！这真是一个令人振奋的消息！这是不是意味着我们离火星更近了一步呢？

爷　爷：可以这么说。

阳　阳：好啊！我可一直盼望着人类早日登上火星呢！

考考你

2021年，"毅力号"火星探测车在以下哪个地方发现了高浓度的有机物？

A. 盖尔撞击坑

B. 杰泽罗陨石坑

C. 坎伯兰泥岩

D. Mojave泥岩

4
火星上的"宝藏"

爷　爷：孩子们，你们过来看看这些照片！

阳　阳：咦？火星上也有沙滩和鹅卵石吗？

科　科：阳阳你看，这旁边写着"'机遇号'火星探测车2004年在火星上拍摄的3厘米宽的'地表'"。

阳　阳：爷爷，这些鹅卵石怎么都是毛茸茸的？

爷　爷：这些叫作"火星蘑菇"。真实的照片是黑白的，你们看到的彩色是美国国家航空航天局后期加的色彩。

阳　阳：蘑菇？这不是石头吗，怎么又变成蘑菇了？

爷　爷：这是"机遇号"2004年在火星上发现的一种赤铁矿，也叫"火星蘑菇"或"蓝莓石"，是火星上一种常见的氧化物铁矿石。远不止这些，火星上有着丰富的矿石呢！

科　科：爷爷，火星上还有哪些矿石呢？

爷　爷：火星上的矿产资源包括铁、钛、镍、铝、硫、氯和钙等。类似黏土的矿物在火星表面土壤中也普遍存在，这为在火星上制造陶器和类似的陶瓷提供了可能性。孩子们，你们再来看看这幅图。

阳　阳：这个红色的地面好像就是火星，但是怎么红色下面大部分呈现出淡蓝色呢？

科　科：爷爷，难道这也是另一种矿石吗？

爷　爷：这是"好奇号"在火星夏普山区域进行钻孔取样发现的鳞石英，就是它的出现让火星表面呈现出了淡蓝色。

阳　阳：这些矿石有什么用处呀？

爷　爷：孩子们，可千万别小瞧了它们。这些火星矿石可是火星上的"宝藏"！大有用处呢！

阳　阳：爷爷，您别卖关子了，快和我们讲讲吧，我和哥哥都很好奇！

爷　爷：好好好，爷爷慢慢讲给你们听。这些火星矿石不仅仅是矿产资源，更是一个个"时间胶囊"！不同的矿石代表了它们各自的形成条件和历史，这些也是人类推导火星历史的重要元素。

科　科：这么一说，确实大有用处，怪不得爷爷说它们是"宝藏"呢！

阳　阳：好奇怪，怎样才能透过这些石头获得信息呢？我怎么就看不出来呀？

爷　爷：就知道你会这么问，从矿石中得到信息是需要足够的信息储备和专业素养的。

阳　阳：原来是我不够"专业"呀！

爷　爷：举个例子详细和你们说说吧。"好奇号"从火星夏普山区域进行钻孔取样发现的鳞石英，在地球上的一些火山岩中也常出现。你们说，这说明了什么？

阳　阳：说明地球和火星上都曾经出现过火山喷发活动。

科　科：我赞同阳阳的说法，我觉得这是火星上曾经出现过岩浆活动的一个证据。

爷　爷：没错，鳞石英证实了火星上岩浆活动的发生。再给你们举个例子，上面你们看到的"机遇号"传回的赤铁，是一种需要在含水环境中形成的铁氧化合物。和它们有着相同形成环境的还有"机遇号"找到的黄钾铁矾和"好奇号"发现的黏土矿，它们的形成也都离不开水。孩子们，这又说明了什么呢？

阳　阳：说明了火星上水的存在！

科　科：说明了这些地方曾经是一片湖泊或海洋。

爷　爷：你们俩回答得都对，现在你们能理解为什么这些火星矿石是"宝藏"了吧？如果没有它们，我们就很难了解到火星的"前世今生"。

科　科：但是爷爷，这些火星矿石都是被火星探测车发现的，要是能有办法带回地球进一步观察研究就好了，到时候我们一定能发现关于火星的更多奥秘。

爷　爷：科科，你说得有一定道理，如果能面对面近距离观察，肯定是更好的。但是目前人类无须登上火星，也能直接观察火星矿石的成分。

科　科：不登陆火星，怎么观察呢？

阳　阳：是啊，爷爷，您都把我说糊涂了。

爷　爷：科学家有各种各样间接测量火星上矿产的办法。其中最著名的就是遥感探测技术了，我们熟悉的"好奇号"就使用了这项技术。

科　科：哇！这项技术的原理具体是什么呀？

爷　爷：它主要是通过反射光谱来进行测量的。

科　科：爷爷，您再讲详细一些。

阳　阳：爷爷，怎么通过反射光谱来测量？您说得太深奥，我都听不懂了。

爷　爷：不同的矿石会吸收不同的光谱，所以我们可以根据光谱反射的光来推测火星表面的矿产分布。

科　科：这样我们就能很容易知道哪个地方矿产资源更丰富，可以有针对性地去勘探了。

爷　爷：是啊，这样可以提高效率。

阳　阳：人类真是太聪明啦！

爷　爷："好奇号"除了使用这种间接的测量方式，还可以通过钻孔取样的方式进行直接测量。

阳　阳：这又是怎么做到的？

爷　爷："好奇号"拥有一个微型实验室，可以对采集到的样本进行直接分析。所以即便科学家拿不到火星矿石的样本，也可以轻松收集到火星矿石的资料。孩子们，你们知道吗？我们的"祝融号"也有探测矿石的任务哦！

阳　阳："祝融号"真了不起！

爷　爷：是啊，而且"祝融号"首次在火星原位探测到含水矿物！

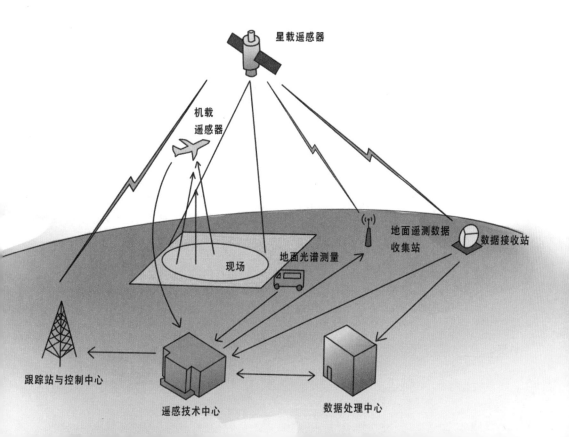

阳　阳：真为我们的国家感到骄傲。

科　科：爷爷，您再详细说说这个过程吧！

爷　爷：中科院研究团队基于"祝融号"获取的短波红外光谱和导航地形摄像机数据，在着陆区发现了岩化的板状硬壳层，之后"祝融号"在这些类似沉积岩的板状硬壳层中发现了大量含水硫酸盐等的矿物。

阳　阳：太厉害了！

爷　爷："祝融号"的这一发现对理解火星的气候环境演化历史具有重要意义。我相信"祝融号"未来肯定能完成更具有挑战性的任务。

科　科：我可太期待了。

考考你

哪个国家首次在火星原位探测到含水矿物？

A. 中国　　　　B. 美国

C. 澳大利亚　　D. 日本

5
风能资源

阳　阳：爷爷，我有一个问题。

爷　爷：什么问题呀？

阳　阳：人要干活，就得好好吃饭。同样，要让火星探测车完成各种任务，是不是也需要给它提供稳定的能量呢？

爷　爷：是这样的。

阳　阳：那么在探测火星期间，"祝融号"的能量来源是什么呢？"祝融号"能用风电吗？能不能将风力资源作为火星基地上的能量来源呢？

爷　爷：阳阳怎么突然想到这个问题呢？

科　科：刚刚航天展上有一个关于火星上发展太阳能资源的板块，

阳阳肯定是看到了然后联想到了这个问题。

阳　阳：最近课本上也讲到了"风力发电"的概念，我就联想到了这些。

爷　爷：原来是这样，阳阳，你能有这样的联想能力真不错。要知道，善于思考才是科学研究必备的素质。那我现在要考考你，看你课本上的知识学得扎不扎实了。你知道风力发电的原理吗？

阳　阳：这个我当然知道了，风力发电就是用风力带动风力发电机上的风轮转动，风轮在转动时会带动发电机上的线圈一起工作，从而产生电。

爷　爷：没错，阳阳答得很好。

阳　阳：爷爷，那您快回答我的第一个问题吧！火星上也和地球上一样有风，对吗？

爷　爷：没错！火星上有着稀薄的大气，这让火星和地球一样也产生了气象。来自太阳的热度让火星地表增温，大气也随之受热而上升。地表的温差造成火星上空的气压差，导致大气飘移而产生风。

阳　阳：那火星上的风和地球上的有何不同呢？

爷　爷：火星上的风比地球上的风更强劲。

科　科：爷爷，这是为什么呢？

爷　爷：地球上有大气和海洋的保温作用，所以地球上的昼夜温差不大。而火星上稀薄的大气对火星的保温效果很差。火星受太阳照射的一面温度在35摄氏度左右，而背对太阳的一面温度可降到零下70摄氏度，冷热气体之间形成的巨大压力差导致了强风的产生。

阳　阳：既然火星上风力强盛，那在火星上使用风力发电一定很有希望吧！

爷　爷：阳阳，这可没有你想的那样简单。风力强盛不一定代表风力资源丰富，火星上虽然风力强劲，但发电效率极低。

阳　阳：爷爷，您又把我说糊涂了，风力强劲又怎么会发电效率低呢？

爷　爷：阳阳，听我继续和你解释。2018年，美国国家航空航天局通过火星探测车第一次捕捉到了火星地表的"风声"，科学家探测出该地区最强的风力，风速达到了28米/秒。这说明了火星上存在着风，而且有可能实现风力发电。

阳　阳：这不是正说明火星上风力发电是可行的吗？

爷　爷：科学家之后进行了反复研究，他们发现火星上的大气密度只有地球的1%，这意味着平均风速要接近地球上的4.5倍才能产生相当的发电量。

科　科：那就是说火星上的风力虽然强，但不如地球上风力的使用效率高，对吗？

爷　爷：是的。目前科学界普遍的观点是将火星上的风能资源作为太阳能的辅助资源。例如，在火星探测车上安装小型风力发电机，采用微风发电模式，可以让其在火星黑夜期或遭遇沙尘暴时，保证能源的持续供应。

科　科：这也很不错呀！

爷　爷：是啊！而且根据2022年美国国家航空航天局的研究，风能有望成为火星上的"独立能源"。

阳　阳：咦？难道科学研究的结果经常变化吗？

爷　爷：当然会变化了！科学的发现是不确定的，我们不能迷信书本和权威，要有敢于质疑一切的勇气。有时候今天科学家被证明是正确的结论，明天就会被自己的另一个结论推翻。

科　科：爷爷，那现在科学家对火星上风能的利用是有什么新的发现了吗？

爷　爷：科科你猜对了。科学家通过火星探测车收集回的数据，模拟了火星上的风速，并且按不同年份、季节进行了划分。通过计算，科学家发现在火星上的某些地方，风能发电完全可以取代太阳能发电。

科　科：那这样我们就可以充分利用火星上的风能资源了。

爷　爷：科科说得没错。但是在布局火星风能资源时，我们还是应该结合火星的实际情况。

科　科：怎么结合火星的实际情况啊？

爷　爷：火星上风能与风速和大气密度有关。火星表面是高低不平的，在高度较低的地方，存在足够的大气密度，并且这些区域大多又长又陡，就像一个加速带，可以让风"跑"得更快，带动风轮转动。在这些地方，我们可以尽可能地多铺设风力发电设备。

阳　阳：这太棒啦！

爷　爷：目前,科学家正积极推动风力涡轮机的技术研究,从而保证
　　　　风力发电可在火星上高效运行。火星上多沙尘,发电机外
　　　　部连接处还需进行密封处理,以抵御沙尘的侵袭。

科　科：爷爷,火星真像一座巨大的宝藏啊！总是能带给我们层出
　　　　不穷的惊喜。

爷　爷：是啊！火星内部蕴藏的更多资源,有待科学家进一步发现!

阳　阳：真希望有一天能亲自登上火星探险。

科　科：一定会有那一天的。

考考你

火星上能否实现风力发电呢?

　　　A. 能　　　　　B. 不能

3

探火星的航天之路：
登火星的实现方式

周末到了，爷爷带着科科和阳阳去参观科技馆。馆内的一件件展品趣味无穷，一项项体验活动引人入胜，让科科、阳阳与其他许多来这里参观的小朋友，玩得非常入迷。不知不觉间，他们走到了航天主题区，众多模型让他们眼花缭乱。阳阳不禁发问："如果我们想去火星，肯定也要用到这些东西吧？"科科点了点头道："肯定是需要的，但是具体怎么才能登上火星，我们还是要请教爷爷。"

1

火箭的起飞：发射场系统

科　科：爷爷，您之前跟我们说了那么多关于火星的事情，我觉得火星可太神奇啦，与地球相比像是另一个世界。

爷　爷：我们经常认为身边的一切是理所当然存在的，但如果把眼光放长远，会发现人类文明的存在其实不同寻常。

科　科：太空这么大，其中有数不胜数的星球，它们各有特点。这么一想，我就更觉得地球对人类来说是特别宝贵的存在。

爷　爷：目前来讲，这是我们唯一的家园，是最需要我们好好珍惜的星球。

阳　阳：以后会有新家园吗？

爷　爷：科技在不断向前发展，也许人类未来能找到一个像地球一样适合居住的地方。

阳　阳：那我更期待未来的太空旅行啦！

爷　爷：等我们不再受限于地球，我们的地球可能就会被称为"人类发源地"了。不过现在说这些还为时尚早。

阳　阳: 的确,我们连火星都还没登上去过,更别说太阳系之外的世
界了。

科　科: 火星不仅有和地球相差很大的环境,还有各种各样的资源。
我好想到火星上面亲眼看一看啊!

阳　阳: 我也要去!

爷　爷: 如果真的能去火星,你们想做什么?

科　科: 我要去打篮球! 火星的引力比地球小,球一定能被抛得特
别高! 我要当火星上最厉害的三分球投手!

爷　爷: 孩子们,你们的想象很美好,但是别忘了,人类现在还没能
登上火星呢。

阳　阳: 爷爷,您这话让我一下子从梦幻回到了现实。

爷　爷: 不要失望,时间会给我们最好的答案。你们知道如果想去

火星,都需要准备什么吗？

阳　阳：肯定需要火箭！

科　科：还有宇宙飞船！

爷　爷：对！探测器和宇宙飞船都需要由运载火箭带上火星。

阳　阳：火箭真厉害,我们可以现场看火箭发射吗？

爷　爷：火箭发射不是简单就能完成的,需要很多配套的设备来完成非常复杂的任务。

科　科：爷爷,我不明白火箭是怎么飞起来的,为什么火箭不像飞机那样需要起飞前"助跑"呢？

爷　爷：火箭与飞机不一样。飞机是在大气层的内部飞行,"助跑"是为了借助空气流动产生的升力飞起来,但火箭需要飞出大气层,所以需要垂直起飞,来让火箭用更短的时间进入太空。

科 科：原来虽然它们都是在天上飞的，原理却是不一样的。

爷 爷：航空和航天是两门不同的学问。

阳 阳：飞机起飞的地方叫"飞机场"，那么火箭起飞的地方叫什么呢？"火箭场"吗？

爷 爷：你这回联想错啦，它不叫"火箭场"，而是叫"航天发射场"。

科 科：这样的航天发射场一般建在哪里呢？

爷 爷：通常建在人烟稀少、视野开阔、气候和气象条件适宜的地方，我们平常很难见到。

科 科：我明白了。既然如此，哪些国家有这样的航天发射场呢？

阳 阳：肯定是科技力量很强大、自然条件又适合的国家。

爷 爷：很多国家都有，比如美国有肯尼迪航天中心、西部航天和导弹试验中心，俄罗斯有普列谢茨克基地，哈萨克斯坦有拜科努尔航天发射场。

科 科：这些航天发射场一定都执行过特别厉害的任务吧。

爷 爷：当然了。以拜科努尔航天发射场为例，当年第一个进入太空的航天员尤里·加加林乘坐的"东方一号"宇宙飞船就是从这里起航的。

科 科：我知道尤里·加加林！他是历史上第一个从太空看到地球全貌的人！

阳 阳：爷爷，我们国家有没有航天发射场呢？

爷 爷：我们国家当然也有，我国有四大航天发射场，你们知道分别是哪里吗？

科 科：我知道！酒泉！还有……嘿嘿，我忘了。

爷 爷：还有西昌、文昌和太原，这回可要记清楚。

阳 阳：哇！爷爷您快给我们介绍一下。

爷　爷：酒泉卫星发射中心是咱们国家创建最早、规模最大的航天发射中心。你们知道"东方红一号"吗？

科　科：我知道！它是"两弹一星"的"星"。

爷　爷：1970年，"东方红一号"正是在酒泉卫星发射中心发射升空的。

科　科：航天前辈们可真厉害。

爷　爷：现在的技术更先进了，你们要好好学习，长大以后争取成为更厉害的人才行。

科　科：嗯！

阳　阳：嗯！

爷　爷：其他几个航天发射中心也各有千秋，都具备强大的发射能力，比如西昌卫星发射中心是咱们国家第一个完成200次发射任务的航天发射中心，太原卫星发射中心同时负责咱们国家海上卫星的发射。

科 科: 那么咱们国家探火星的火箭是从哪里发射的呢？

爷 爷: 2020年7月23日，咱们的"长征五号"遥四运载火箭托举着"天问一号"火星探测器，在文昌航天发射场点火升空。

科 科: 咱们国家的发射场有四个，为什么会选在文昌呀？

爷 爷: 孩子们知道文昌在哪个省吗？

科 科: 在海南省！

爷 爷: 没错，海南是中国最南端的省份，也是纬度最低、最接近赤道的省份。不只是中国，其他国家也非常喜欢靠近赤道建航天发射场。

科 科: 这是为什么呢？

爷 爷: 科科学习物理课的时候一定学过圆周运动和线速度的知识点吧？

科 科: 我知道了！同样是地球上的点，越靠近赤道，在随地球自转这个圆周运动中产生的线速度就越大。

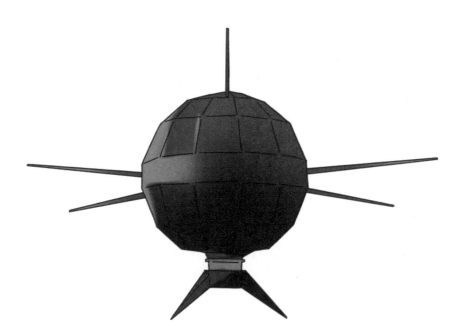

爷　爷：没错！当线速度增大到一定程度时，物体就会发生离心现象。发射航天器的时候如果能够借助这一现象，达到同样的速度需要消耗的燃料就会减少一些。

阳　阳：原来是这样！

科　科：我明白了！同样的火箭，如果在文昌发射就可以少用燃料、降低成本。

阳　阳：科技工作者真的好聪明呀！

爷　爷：聪明是一方面，努力也是必不可少的。

阳　阳：爷爷，既然有了发射的场地，也有了火箭，为什么人类还是没能登陆火星呢？

爷　爷：你们不要着急，听爷爷慢慢讲。有了发射场，下一步运载火箭和探测器就可以升空了。

考考你

以下哪个不是我国的四大航天发射场之一？

A. 酒泉　　　　　B. 西昌

C. 西宁　　　　　D. 文昌

2 探测器的运送：运载火箭系统

阳　阳：爷爷，为什么我们"探火星"既需要火箭，又需要探测器呀？它们分别是做什么用的？宇宙飞船又是做什么用的呢？我都快晕头转向了。

爷　爷：探测器和宇宙飞船都有各自的任务，但仅凭它们自己是不能直接到达预定轨道的，所以需要一个运输的工具把它们推到太空，这个工具就是火箭。

阳　阳：原来火箭就像个"大力士"呀，可以推着探测器飞向太空。

爷　爷：你们知道火箭是怎么来的吗？

科　科：不知道。爷爷，您快给我们讲一讲。

爷　爷：火箭最早产生在咱们中国，后来被阿拉伯人传到了欧洲。

阳　阳：中国古代的四大发明好像也是被阿拉伯人传到欧洲的。

爷　爷：阳阳还记不记得四大发明都有哪些？

阳　阳：造纸术、指南针、印刷术和火药！

爷　爷：火箭就是火药的一种应用形式，早在800多年前宋朝军队对抗蒙古军队的时候火箭就已经被使用了。当时的人们把火药填装在竹筒里，点燃之后就会迅速燃烧，从而产生向前的推力，进入敌军阵营后发生爆炸，可以形成很强大的杀伤力。那是现代火箭的鼻祖。

阳　阳：古人还真是很聪明呢！

科　科：像火箭这类"高科技武器"，在战争中是不是发挥着重要的作用呢？

爷　爷：是的。比如在19世纪的拿破仑战争中，英国炮兵军队装备

的康格里夫火箭炮就发挥了极大的作用。现在的火箭已经可以作为核武器的搭载平台,对一个国家来说是非常重要的武器装备。

阳　阳：火箭为什么总是和战争联系在一起呀?

科　科：说不定就是为了打胜仗,才有了火箭技术的发展。

爷　爷：你们这么说就不对了。虽然客观来看,战争确实会催生很多高新技术武器,但是从根本上说,和平发展和生产力提升的需求才能真正促进科技的长足进步。

科　科：爷爷,您说得对,我记住了。

爷　爷：战争带来了无穷无尽的伤痛,让无数人流离失所,造成了不计其数的悲剧。打仗的目的终究是"止戈"。

阳　阳：我们的目的在于化干戈为玉帛!

科　科：爷爷,火箭是怎么从强大的武器变成探索太空的工具的呢?

爷　爷：最先提出要把火箭用于宇宙航行的是俄国科学家康斯坦丁·齐奥尔科夫斯基,他被誉为"现代宇宙航行学奠基人"和"航天之父"。

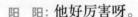

阳　阳：他好厉害呀。

爷　爷：他说过一句话："地球是人类的摇篮，但人类不可能永远被束缚在摇篮里。"

阳　阳：哇！这听起来像一个美好又浪漫的梦想。

爷　爷：通过人们的努力，梦想正在一点一点变成现实。

科　科：既然梦想有了，又是怎么实现的呢？

爷　爷：在第二次世界大战结束后的冷战时期，美国和苏联为了争夺世界航天第一大国的地位，开展了"太空竞赛"。除此之外，其他国家也在积极进行这方面的研究，比如日本。从那个时候开始，火箭成为人类走向太空必不可少的重要工具。

科　科：飞机能起飞是因为借助了空气的升力，可为什么在发射场垂直发射的火箭能把探测器和宇宙飞船送上太空呢？

爷　爷：科科有没有学过牛顿第三运动定律？

科　科：学过！相互作用的两个物体之间的作用力与反作用力总是大小相等、方向相反、作用在同一条直线上。可这和火箭又有什么关系呢？

爷　爷：火箭一旦点火发射，燃烧室里面的燃料就会燃烧，进而产生很多高压气体。就是这些气体的反作用力推动着火箭沿着气体喷射的反方向飞到天上的。

科　科：可是我记得燃烧需要氧气，太空的环境是真空的，火箭离开大气层之后怎么飞呢？

爷　爷：这就是火箭发动机和飞机发动机的区别所在。飞机在大气层内部飞行，可以利用空气中的氧气来燃烧燃料。但火箭飞行所需要的大量氧化剂是储存在火箭里面的，所以火箭在没有空气的环境中也可以飞行。

科 科: 爷爷,我懂啦。

爷 爷: 刚才提到的"航天之父"康斯坦丁·齐奥尔科夫斯基在1883年提出的理论就是如此,他提出要利用反作用力来推动宇宙飞船。

科 科: 1883年! 这么早!

爷 爷: 他提出了火箭运动公式,认为燃料燃烧尽后的火箭质量越大、性能越好,发动机排出气体的速度越快,火箭的飞行速度就越快,他还提出了多级火箭理论、火箭外观设计理论等,被评为杰出科学家与苏联科学院院士,总之可以称得上是个学富五车、著作等身的伟大学者。

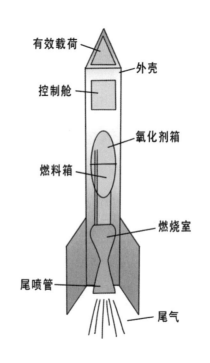

阳 阳: 他好有才华。

爷 爷: 是啊,我们继续来说火箭,你们想一想,现代火箭是由什么组成的?

阳 阳: 我想不出来。

科 科: 我记得新闻画面里的火箭外面有一层很长很长的壳。

爷 爷: 火箭需要箭体把各个部分连起来。它的每个部分都需要实现哪些功能呢?

阳 阳: 要飞出去!

爷 爷：对啦！所以火箭得有动力装置来推动它飞行并让它达到一定的速度，利用的就是我们刚刚提到的原理。

科 科：它飞出去之后不能乱飞，得沿着先前设计好的路线飞，否则就算飞出去也不能执行预定的任务，没有任何用处。

爷 爷：是的，所以还需要有控制系统来让火箭按照轨道正常飞行。

科 科：控制系统是在地面上吗？

爷 爷：这非常复杂。其中一部分叫飞行控制系统，是安装在火箭上的，为了确保火箭所运载的航天器准确进入轨道。另一部分是测试系统与发控系统，安装在地面上，为了控制火箭的发射。它们之间要互相密切配合才能完成工作任务。

阳 阳：爷爷，火箭还需要什么呀？

爷 爷：虽然火箭在天上飞，地上的人也不能不管它，所以需要随时知道它的情况。就像风筝放出去了，但是线还是要在放风筝的人手里牵着，对不对？

科 科：对！

爷 爷：所以还要有遥测系统来记录火箭飞行的数据，并把信息传回

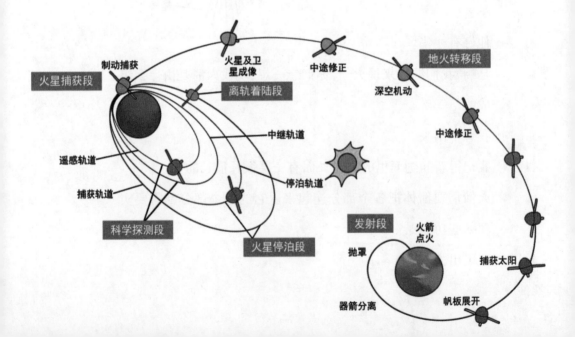

地面。一旦发生了故障，这些就是判断原因的依据。

科 科：这些就是一个现代火箭的全部了吗？

爷 爷：并不是，还有很多，比如在火箭不能继续飞行的时候用来把它炸毁的安全系统等。

科 科：好全面啊，连发生意外之后怎么处理都安排得清清楚楚。

爷 爷：安全始终是要放在第一位考虑的问题。

阳 阳：我们国家的火星探测用的也是这样的火箭吗？

爷 爷：是的，承担火星探测器发射任务的"长征五号"就是咱们中国人研制的运载火箭，总长度56.97米，大约有20层楼那么高。

科 科：这个大火箭一定很厉害吧！

爷 爷：非常厉害。这个火箭的研制成功不仅让我们国家的运载火箭实现了更新换代，还让我国低轨和高轨的运载能力都跃升到了世界第二呢。

阳 阳：真是太令人骄傲了！

爷 爷：这是非常伟大的成就。

考考你 谁被誉为"现代宇宙航行学奠基人"？

A. 尤里·加加林

B. 康斯坦丁·齐奥尔科夫斯基

C. 尼尔·阿姆斯特朗

D. 赫尔曼·奥伯特

3

"眼睛"和"大脑"：
测控系统

080

科 科：爷爷，我还是有很多想不明白
的地方。

爷 爷：我们可以一边参观，一边慢慢
讨论。

科 科：我想知道，火箭带着航天器飞
到了太空那么远的地方，地球上的科
学家要怎么知道它的具体情况呢？

爷 爷：首先你们要知道，运载火箭在发射升空之后，会按照一定的
顺序陆续分离，直到最后把航天器送进预定的轨道，它的光
荣使命就完成了。

阳 阳：原来电视新闻上总说的"分离"是这个意思。

科 科：那人们是怎么知道运载火箭和它载着的航天器是不是按着
计划运行的呢？毕竟太空离我们的距离实在是太远啦。

爷 爷：这就需要航天测控系统大显神威了。

阳 阳：那是什么？

科 科：我也不知道。爷爷，您快讲讲。

爷 爷：测控系统就是对运行中的运载火箭和各种航天器进行跟
踪、测量和控制的大型电子系统。科学家就是通过测控系统
与太空中运行的航天器和火箭等保持联系并下达指令的。

科 科：我知道了，正是因为有了这样厉害的工具，大家才能知道运
载火箭和航天器在天上是什么情况，并且安排它们执行下
一步的任务。

阳 阳：好神奇啊，是怎么做到的呢？

爷 爷：航天测控系统非常复杂，包含了很多组成部分，比如负责跟

踪并测定轨道的跟踪测量系统,还有测量运行参数的遥测系统和负责控制的遥控系统。这几部分不仅地面上有,被测控的对象上面也有。

阳 阳:遥控系统? 就像我的遥控汽车的遥控器一样吗?

爷 爷:有相似的地方。控制的核心是反馈,就像人在烧水,水没烧开就继续加热,烧开了就关火,要根据反馈进行不断的调整。

阳 阳:可是航天器飞出去了那么远,都飞到太空里去了,不像在家里转圈的遥控汽车,只能在客厅和卧室里跑,一直在我眼皮子底下。

爷 爷:所以说航天测控系统既需要"大脑",也需要"眼睛",既需要控,也需要测。通过无线电传输信号,不论被控制的物体是远在天边还是近在眼前,都能及时地调整它的状态。

科 科:我知道! 无线电是一种电磁波,能在真空中传播! 而且传播速度非常快,能达到30万千米/秒!

爷 爷:科科很棒。

科 科:这就是航天测控系统的全部了吗?

爷 爷:当然不是了,还有计算系统、时间统一系统、显示记录系统等。我们国家的航天事业之所以能取得这么大的成就,正是有大量的工作人员在他们各自的岗位上日复一日、年复一年地不懈努力呀。

科 科:向中国航天人致敬!

爷 爷:你们知道从地球到火星有多远吗?

阳 阳:肯定比从地球到月球远多了。

科 科:月球毕竟是地球的卫星嘛,离地球很近的。

爷 爷:火星和地球虽然都在围绕太阳公转,但转速是不一样的,火星公转一周的时间大约相当于地球的1.88年。

科 科：我越来越觉得火星像是另一个世界了，在那里就连"年"的时长和地球都不一样。

爷 爷：所以地球和火星之间的距离也在不断发生变化，最近的时候大约有5500万千米。

科 科：这竟然是最近的时候。我实在是想象不到5500万千米有多远。

阳 阳：最远的时候呢？

爷 爷：最远的时候能达到4亿千米，所以说平均也有2亿千米。

科 科：4亿千米！就算是《西游记》里神通广大的齐天大圣孙悟空一个筋斗云十万八千里，在这个距离面前连九牛一毛都算不上了！

爷 爷：所以跟月球探测器比起来，针对火星探测器的测控任务格外艰巨。

科 科：不过到了我们能登上火星的时候，人们的时空观念肯定也会发生巨大的改变。

阳 阳：什么改变？

科 科：就像以前大家会觉得出省、出国都是很困难的事，但对现在的人来说，去地球上的绝大多数地方也不过是坐几个小时的飞机而已。

阳 阳：我明白啦！是大家对远近的理解发生了变化。

科 科：爷爷，隔了这么远的距离，人在地球上能看到火星吗？

爷 爷：可以呀，火星在夜空中是血红色的，非常明亮。我们国家古代就有关于火星的记录。

科 科：地球和火星的位置与距离总是在变化的，古人的工具和设

备又那么原始，能观测得清楚吗？

爷　爷：正是因为不断变化，从地球上看过去，火星的运动轨迹一直不固定，就连亮度也经常改变。

阳　阳：真有趣。

科　科：火星离地球那么远，我们国家能完成火星探测任务，一定付出了巨大的努力吧。

爷　爷：是的，我们国家的科研人员非常厉害，提出了一套严密又精准的测控方案。

科　科：具体是怎样的呢？

爷　爷：我们国家的科研人员设计并建造了很多测控站，不只在地上有，海上、天上也不缺。

科　科：测控站难道不是固定的吗？它们竟然有"上天入海"的本领？

爷　爷：建造能驶入大海的海上测量船，再把卫星发射到太空中，不就可以实现"上天入海"了吗？

科　科：原来是这样。

爷　爷：有了强大的科技力量，人类就能探索出一些规律，还能利用规律做很多事情。

科　科：除了建测控站，我们的方案还有哪些内容呀？

爷　爷：为了提升测控的精度，在火星探测器"天问一号"飞行的过程中，我国一直使用X波段的电磁波进行测控。

科　科：X波段是什么？

爷　爷：是频率在8~12 GHz的无线电波波段，属于微波的范围。

阳　阳：我还没学过"GHz"这个单位！

科　科："GHz"就是频率的一种单位。

爷　爷：科科说得对。

科　科：X波段有什么优势吗?

爷　爷：它的探测范围广远,即便是很小的目标也能测到,而且传输数据信息的速度非常快,质量也很高。

科　科：我明白啦! 这是一种"升级版本"!

爷　爷：没错。最后,为了能够胜任此次任务,我国对许多原有的测控站也进行了升级改造,比如在喀什深空站,设计建设了我国第一个深空测控天线阵系统,来适应极远距离低信噪比、极低码速率的任务场景。

阳　阳：只是向火星发射一个探测器就这么复杂,更别提实现人类登陆火星了。

爷　爷：是的,不只是我们国家,全人类在探火星这方面都还有很长的路要走。

阳　阳：那人类要等到什么时候才能登上火星呀?

爷　爷：这需要时间,或许很快,或许会很久。要记住,路是人一步一步走出来的。

科　科：这世上本没有路,走的人多了也就成了路。

爷　爷：对喽。

考考你

航天测控系统是用什么传输信号的?

　　A. 无线电　　　　B. 遥控系统

　　C. 跟踪测量系统　D. 遥测系统

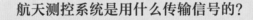

4
信息的获得与处理：
地面应用系统

科 科：爷爷，我记得以前在新闻里看到，地上的航天中心里有很多穿着白大褂的工作人员，他们是在监测情况吗？

爷 爷：是呀，数据信息传过来了，总要有人进行进一步的处理才行。

科 科：也对，人们现在又去不了火星，如果想要更好地了解火星，地面上的技术人员肯定是要做很多工作的。

爷 爷：是的，即便将来人类可以登陆火星，地面上的工作也依然十分关键。

阳 阳：我觉得他们好专业。

爷 爷：那当然了，航天工作格外需要这种一丝不苟的专业精神和敬业态度，哪怕是一个螺丝都不能少拧半圈。

阳 阳：如果不小心失误了会怎么样？万一工作量很大、时间又太紧呢？

科 科：那么整个任务就会失败了吧？

爷 爷：你们知不知道发生在1986年的美国"挑战者号"航天飞机灾难事件？

科 科：我好像在杂志上看到过相关的介绍。

阳 阳：航天飞机是什么？和其他的飞机有区别吗？

科 科：航天飞机是一种能重复使用的航天器，和航空用的飞机不是一回事。不过它又贵又复杂还不具备逃生系统，已经被淘汰了。

爷　爷：造成这起事故的原因是这架航天飞机右侧固体火箭助推器的一个O形环密封圈失效，导致助推器的关闭时间被推迟，从而造成了飞机倾斜，之后内部结构开始出现问题。

阳　阳：后来怎么样？

爷　爷：航天飞机最终解体，里面的七位航天员当场遇难。

阳　阳：太可怕了。

爷　爷：所以航天工作人员的肩膀上担负着非常重大的责任，他们的工作不仅关系他们个人，更关乎整个国家和民族的事业。

科　科：他们都很令人敬佩！

爷　爷：是的。你们想成为这样的人吗？

阳　阳：想！但是航天事业每个环节都要求百分之百的精准，整体来看又那么复杂而庞大。

科　科：天道酬勤，能力都是练出来的！

爷　爷：虽然艰难，但航天是一项伟大的事业，值得无数人为之奋斗。

阳　阳：爷爷说得没错！等我长大了，也要为光荣的中国航天事业奉献终身！

爷　爷：那爷爷就等阳阳长大了！

科　科：火星探测一定很困难吧？

爷　爷：对呀。为了完成这项任务，科研人员克服了重重困难。

科　科：他们是怎么克服的呢？

爷　爷：你们知道咱们国家首次火星探测任务工程的五大系统分别是什么吗？

科　科：不知道。爷爷，您快给我们讲一讲。

爷　爷：分别是工程总体和探测器系统、运载火箭系统、发射场系

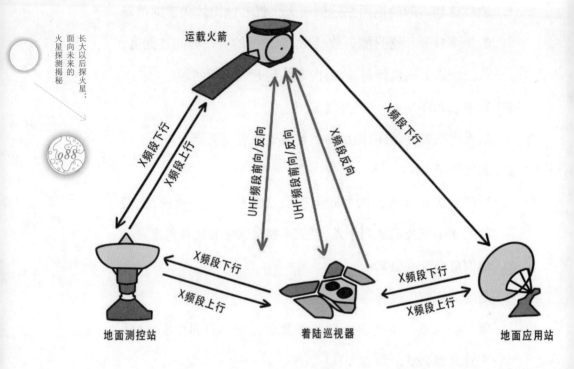

运载火箭

X频段下行
X频段上行
UHF频段前向/反向
UHF频段前向/反向
X频段反向
X频段下行

地面测控站

X频段下行
X频段上行

着陆巡视器

X频段下行
X频段上行

地面应用站

统、测控系统、地面应用系统。其中的一部分之前已经跟你们说过了。

阳　阳：地面应用系统也是其中之一，看来一定承担了非常重要的任务。

爷　爷：是呀，比如计划的制订、相关运行的管理、数据的接收与处理、研究的组织，这些都是地面应用系统的工作内容。

科　科：爷爷，您能给我们仔细说说吗？

爷　爷：当然可以。我们国家在建设火星探测任务地面应用系统的时候，除了要解决刚刚说过的距离太过遥远的问题，还要进行极为复杂的运行管理，任务可谓十分艰巨。

阳　阳：要管理这么多工作，想想就觉得头大。

爷　爷：更难的是，这是我们国家第一次进行探火星的任务，可供参考的只有国外的资料。这就需要研究人员对各种方案进行一次又一次的改进和修正。

阳　阳：从无到有的摸索，听起来就很艰辛。真难想象科研工作者是怎样克服这重重困难的。

科　科：爷爷，您能不能再给我们详细讲一讲地面应用系统呢？

爷　爷：根据具体的任务和目标，火星探测任务的地面应用系统分为五个分系统，分别是运行管理分系统、数据接收分系统、数据预处理分系统、数据管理分系统和科学应用与研究分系统，彼此之间分工协作。

科　科：根据名字，我大约能猜到这些分系统各自负责什么。

爷　爷：我详细解释给你们听，运行管理分系统有两项功能，不仅要负责环绕器和火星探测车的运行管理，还要调度整个地面应用系统的运行。数据接收分系统、数据预处理分系统和数据管理分系统前后配合，让数据能够被接收、存储、传输、处理、存档和发布。

阳　阳：真是一环扣一环。

科　科：爷爷，您刚刚是不是还没有提到最后一个分系统的用处？

爷　爷：是的。科学应用与研究分系统要为探测器和科学仪器提供指导性数据，并且需要评估数据质量、生产数据产品、解译探测数据。

科　科：爷爷，听您讲了这么多，我觉得我们目前的航天事业已经准备得很充分了，为什么还是无法实现载人登陆火星呢？

爷　爷：孩子们不要着急，一定有一天能够实现。

阳　阳：真的吗？我好期待这一天呀。

爷　爷：当然啦，包括咱们国家在内的一些国家已经提出相关的规
　　　　划了。

考考你

下面哪项不属于火星探测任务的

地面应用系统的分系统？

A. 运行管理分系统

B. 数据接收分系统

C. 数据预处理分系统

D. 遥测分系统

5
我们一起登火星：
载人登陆的设想

爷　爷：在介绍载人登陆火星的设想之前我要先提个问题：假设让你们设计登火星的方案，你们会怎么做呢？

阳　阳：我觉得应该先让机器人上去考察，了解一下火星上面的情况，如果不做好准备就仓促登陆火星的话，会手忙脚乱的。

科　科：我赞同，这是非常稳妥的做法。爷爷，您能给我们说说科学家们是怎么计划的吗？

爷　爷：当然可以。关于载人火星探测，我们国家有一个"三步走"设想。

阳　阳：具体是哪三步呢？

爷　爷：第一步是技术准备，主要通过机器人进行火星探测，主要任务是火星采样返回、基地选址考察、原位资源的利用与建设。

科　科：什么是原位资源呢？

爷　爷：原位资源就是火星上原本就有的资源，比如大气与土壤中的天然资源。如果能够利用这些直接获取氧气与液态水，等到将来有一天人类要登陆火星的时候不就方便多了？

阳　阳：那个时候的航天员们是不是就不需要背着那么重的呼吸设备到处走了呀？

爷　爷：来自地球的补给还是需要带的，只是不必完全依赖了。火星资源开发不仅成本低，还具有一定的可持续性呢。

阳　阳：能不能把在火星上开发的资源带回地球呢？这样是不是就可以解决地球上的能源短缺问题了？

科　科：那多麻烦，不如直接让有意愿和能力的人移民去火星，直接省了地球上的能源消耗。

爷　爷：这就是未来我们需要考虑的问题，现在我们回到"三步走"设想。

科　科：爷爷，第一步是这样的计划，那第二步又是什么呀？

爷　爷：第二步就到载人探测了，只不过是初期的载人探测。

阳　阳：哇，第二步就可以实现载人探测了吗？

爷　爷：是的，主要有载人环火星轨道探测、载人火星着陆探测、火星基地建设等任务。

阳　阳：还有火星基地建设！到时候我们就可以真的住到火星上面啦！

科　科：关于火星的科研工作也会变得更加容易！说不定会像现在的南极科考一样，研究人员能够实地考察取样了。

阳　阳：那真是太方便啦。

科　科：这样的话，大学里很多专业的研究内容也会得到扩展吧？

爷　爷：当然了，毕竟那时候我们就具备研究的样本，以及实地探测的条件了。

科　科：我现在已经完全想象不到第三步的计划是什么样子了。

爷　爷：第三步就是航班化探测，并建立地球-火星经济圈。这一步是"地火经济圈"的形成阶段，主要完成包括大规模地火运输舰队的建立和大规模的火星资源开发与应用。

阳　阳：哇！那我们可要好好设想一下我们登陆火星以后的生活了。

科　科：去了火星也得有能住的地方才行，我们可以去火星建房子。火星上风那么大，肯定需要特别坚固的材料才能让房子不被吹倒，但是材料又不能太贵、太稀缺。不知道到时候的人们能不能找到合适的建材。

阳　阳：对！我已经想好了，要把我在火星的房间墙壁刷成天蓝色！我喜欢天空！

科　科：我的要刷成浅绿色！我喜欢森林和草原！

阳　阳：我还要做一个大大的书柜，专门放我的书！

科　科：我也要！我的书比你的要多好几倍，我需要更大的书柜才行。

阳　阳：那我们可以建多大的房子呢？

科　科：我觉得不需要太大，够住就可以了。火星上面那么冷，如果房子太大，取暖要消耗很多资源吧？太浪费了。

阳　阳：哥哥，你说得对。

科　科：火星上面能种菜种粮食吗？咱们去了以后吃什么？

阳　阳：不知道呢。

科　科：我觉得将来肯定会有办法的，毕竟现在咱们的航天员已经能
在空间站里种菜了。

阳　阳：这是怎么做到的？菜难道不是种在土地里的吗？而且需要
阳光，还得浇水。

科　科：我来给你讲。首先是太阳光照问题，科研人员用灯光代替了
阳光，植物同样可以进行光合作用。

阳　阳：好办法！那水呢？

科　科：火星上是失重的环境，没有办法浇水，而且水都是从地球上
带过去的，每一滴都很宝贵。所以航天员在空间站都是用注
射器给蔬菜补水。为了防止水的浪费，外面还安装了一层
罩子。

阳　阳：土呢？也是像水一样从地球上带过去的吗？

科　科：他们用的可不是普通的土，而是一种叫"蛭石"的特殊材料。
这种材料吸水性很强，可以最大限度避免水的浪费，而且质
量很小，有助于减小太空站的负担。

阳　阳：世界上竟然有这么神奇又好用的东西。最后呢？他们种出
来的菜怎么样？

科　科：我看到新闻上说长势特别好。

阳　阳：太好啦，这样的话，吃的和住的就都有了。我想知道，火星上
面能建游乐园吗？如果能在火星坐摩天轮，肯定是一次令人
难忘的体验。

科　科：我还想要足球场和篮球场！

爷　爷：孩子们，就算能去火星，也不能耽误学业呀。

科　科：以后说不定会有"火星小学""火星中学"和"火星大学"呢！

阳　阳：在火星上学和在地球上学会有区别吗？

科　科：我猜应该差不多。以后会有在火星常驻的工作人员，他们的小孩到了入学年龄就可以直接在火星上念书，不用因为回地球上学而不得不和爸爸妈妈分开，既方便又幸福。

阳　阳：既然这样，在火星上建的学校也就没有什么特别的地方嘛。

科　科：怎么没有呢！如果我们大学选择学习与火星相关的专业，比如那些针对火星地质研究和涉及火星资源开发的专业，我们就可以直接在火星上进行深入研究了呀。

阳　阳：对呀！到时候即便是地球上的大学生，如果选了相关专业，也能去火星上进一步深造！

科　科：是呀！就像现在的学生跟着老师去南极科考！

爷　爷：孩子们，这些可能要再等等，但是根据第三步的设想，我们应该很快就能实现火星经济圈的建设了。

科　科：在火星上也可以发展经济吗？

爷　爷：怎么不可以呢？

阳　阳：到时候是不是可以在火星上赚钱，然后带回地球消费呀？

爷　爷：哈哈，理论上说应该没有问题，但是真的有这个必要吗？

科　科：可是会不会有些东西只能在地球上买到，在火星上买不到呢？那就只能回地球消费或者从地球上往火星上运送了。

爷　爷：或许会有一天，但凡地球上有的东西，火星上都会有。

阳　阳：火星上也会有人类的城市吗？

爷　爷：如果经济规模足够大的话。

科　科：火星上的城市里也会车水马龙吗？

爷　爷：如果有很多人的话,火星上的城市一定也会很热闹。

科　科：看来等到真正实现的那一天,在火星上生活也就不再是什么难事了!

爷　爷：人们不仅要生活,还要大规模开发利用火星上的资源呢。

科　科：哇,我第一次听说这些,我觉得这样的设想好奇妙,真的可以实现吗?

爷　爷：曾几何时,飞行对人类来说也只是个奇妙的幻想,但是现在不仅有了飞机,连"嫦娥号"和"玉兔号"都飞上天了。不如我们拭目以待。

科　科：对! 科技会帮人们圆梦!"嫦娥奔月"都实现了!

阳　阳：别的国家呢? 一定也有目标吧?

爷　爷：是的。比如美国国家航空航天局就曾经提出,他们要在20世纪30年代完成载人登陆火星的计划。

科　科：这个计划具体是什么样的?

爷　爷：美国国家航空航天局的喷气推进实验室提出了许多新技术,比如太阳能电力推进技术,实现火星大气的进入、下降与着陆。

科　科：人类对自然的探索和利用真是越来越深入了。

爷　爷：随着科技的发展和进步,未来还有无限意想不到的事情在等待我们。

科　科：当下的科技已经为我们提供了比先辈们好很多的条件,我们更要努力。

阳　阳：我希望我长大以后能为登火星的大工程尽一份自己绵薄的力量。

爷　爷：你们都是有理想、肯奋斗的好孩子，今后也要一直努力下去。

科　科：火星，我们来啦！

考考你

航天员在空间站里种菜，用到的特殊"土壤"叫什么名字？

A. 月壤　　B. 火壤

C. 蛭石　　D. 泥岩

探火星的艰辛之路：
火星探测的历程

一个晴朗的清晨,温暖的阳光从窗子射进来,与爷爷一同唤醒了睡梦中的科科和阳阳:"起床了孩子们! 节日快乐!"睡眼惺忪的科科和阳阳摸着脑袋莫名其妙,说道:"爷爷,今天是什么节日呀?"爷爷拿来日历,在"4月24日"粗黑标题下,是一张穿行于浩瀚无垠宇宙的卫星照片。"今天是航天日呀!"爷爷对科科、阳阳解释道,"这个日子可大有来头! 1970年4月24日,我国'东方红一号'发射成功,拉开了我们国家和平探索宇宙奥秘、利用太空造福人类的序幕。所以啊,每年的4月24日就是我们的'中国航天日'。快收拾收拾!我们要去参加航天日主题系列活动了!""好!"科科和阳阳迫不及待地穿好衣服,跟着爷爷前往中国航天博物馆。

1

火星探测的发展

阳 阳:爷爷,什么是火星探测呀?

爷 爷:你们有没有好奇过,火星是什么样的? 火星上面有没有像阳阳一样可爱的孩子? 火星探测就是科学家为了将真实的火星展现给我们而进行的科学探测活动。

阳 阳:爷爷,为什么是科学家,不是勇敢的航天员呢?

爷 爷:让人类踏足火星是目前每个国家的科学家正在努力实现的伟大事业,在这之前,火星探测只能依靠"勇敢"的火星探测"先遣大使"——火星探测器了。

科 科:那么之前您带我们看的有关火星的资料照片,都是它们传回来的吗?

爷 爷：没错！是它们，但不仅仅是它们。是轨道卫星、地面实验室以及火星探测器通力合作，才能将火星上的大量照片与数据传送给地球上的科学家，一层一层揭开火星的神秘面纱。

阳 阳：那么火星探测是从什么时候开始的呢？

爷 爷：这颗红色的星球魅力非凡，早在 20 世纪 50 年代太空时代来临之时，火星就成了人类探索的目标之一。1962 年发射的"火星 1 号"尽管未能成功到达火星，但它被视为是火星探测事业的开端。

科 科：那么首次飞临火星的探测器是哪个呢？

爷 爷：随着技术的不断进步，美国国家航空航天局实行的"2+2"火星探测策略终于在 1965 年实现了首次成功飞临火星，"水手 4 号"探测器成功抵达这颗神秘的红色星球，开始了人类

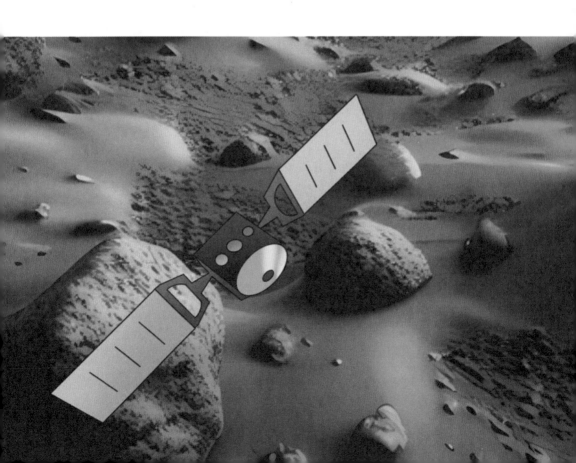

的火星探索之旅。

阳 阳："水手4号"真厉害！那么它为我们探得了火星的哪些秘密呢？

爷 爷：通过"水手4号"探测器，我们发现火星上存在大量环形山，同时还有许多像月球一样的陨石撞击坑，证明它也有数十亿年的历史，并且计算出了火星的大气密度为地球的1%。"水手4号"很好地实现了揭示火星表面1%区域的性质的目标，可谓收获颇丰！

科 科："水手4号"探测器传回来的第一帧图像是什么呢？

爷 爷：第一帧图像拍摄的是距离16500千米时的火星，在这张照片里我们看到的是火星盘的边缘和黑暗的太空。

阳 阳：那么，接下来的火星探测有了哪些发展呢？

爷 爷：事实上，在火星探测研究的早期，正处在美苏太空竞赛的时期，这一时期的竞赛主要针对双方的火箭技术、核弹研究及其他洲际武器方面的能力而展开。因此，在成功发射了"水手4号"探测器之后美国乘胜追击，相继发射了"水手5号"探测器和"水手6号"探测器。

科 科：好厉害！那么之后火星探测又取得了哪些成就呢？

爷 爷："水手5号"和"水手6号"飞掠火星表面，拍摄了200多张照片，展示了火星表面超出预料的低温度和二氧化碳浓度。同年，"水手7号"探测器也传回了126张照片。

阳 阳：我迫不及待地想要知道之后的探测成就了！

爷 爷：1971年"水手9号"在卡纳维拉尔角成功发射，并成功进入了火星轨道，成为第一架环绕其他星球飞行的探测器。

科 科：哇！这可真是里程碑式的纪念！那么"水手9号"探测器有

没有传回给地球什么照片和资料？

爷 爷：当然有啦，在"水手9号"探测器上装有巨大的改良摄像机，加上红外和紫外光谱仪，不仅能很好地记录火星上的地形地貌，也对火星表面矿物质的成分进行了分析。

科 科：所以"水手谷"的命名是因为"水手9号"火星探测器吗？

爷 爷：没错！"水手9号"探测器抵达的时间刚好遇到火星上的一场巨大的沙尘暴，导致"水手9号"探测器的探测时间停滞了几个月，但是在沙尘暴结束之后，它就传回来了奥林匹斯火山和塔尔西斯火山的照片，还有古老的火星河床，也就是我们现在叫作"水手谷"的照片。

科 科：当时科学家们一定很激动！

爷 爷：据说当时传回来的照片显示火星十分干燥、寒冷，不适宜人类定居，让不少科学家有些失望呢。

科 科：是啊。如果真的是这样，那火星上有外星人的概率也就很小了。

爷 爷：但无论如何，这项任务本身就意味着我们人类史上一次重大的科学技术进展，激励了后续更多探索的展开。

科 科：快看！截至2020年6月底，全球共实施了44次探测火星活动，其中美国21次，俄罗斯19次，日本1次，欧洲国家2次，印度1次。其中完全成功的探测有19次，完全成功与部分成功的探测加起来仅有23次。

爷 爷：没错，探测火星十分不易，主要原因就是火星距地球遥远，环境复杂。通过美国国家航空航天局发射的火星探测器的三次飞越火星的任务，我们成功解锁了约10%的火星表面，传回资料的图像分辨率更是达到了中等水平。

科 科：那科学家得到了什么结论呢？

爷 爷：传回来的图片完全否定了人们对于这颗红色星球曾有植被、存在水源等想象，它是一颗保持古老撞击痕迹、大气十分稀薄、无法形成液态水的行星。

阳 阳：爷爷，火星探测是怎么实现的呢？

爷 爷：当然是依靠技术的进步呀。在技术发展水平方面，国际上已实现对火星的掠飞、环绕、着陆、巡视探测，技术难度更大的采样返回和载人探测仍有待突破技术瓶颈。

科 科：谁是这方面的"排头兵"呢？

爷 爷：美国目前已经全面掌握火星掠飞、环绕、着陆和巡视勘查技术，取得了火星探测史上多个"第一"，在世界上处于绝对领先地位。

科 科：听起来很震撼。

爷 爷：尤其是2012年8月着陆的"火星科学实验室"采用的"空中吊车"着陆技术震撼了全世界，标志着美国的火星探测技术达到了新高度。

阳 阳：那么其他国家没有实现技术上的突破吗？

爷 爷：有呀，但是很多结果都不理想。比如俄罗斯实现了火星掠飞和环绕探测，但是在四次尝试进行火星着陆探测中，只有一次取得了部分成功。欧洲实施了"火星快车"任务，也仅掌握了环绕探测技术。日本实施的"希望号"任务只实现了火星掠飞，未进入绕火星轨道。

阳 阳：探火星可太难啦。

爷 爷：也有成功案例。比如印度实施了"曼加里安"任务，掌握了环绕探测技术，并成为亚洲第一个成功实现火星环绕探测的国家。

科 科: 哇！果然有付出就会有回报！

爷 爷: 国际上通过不同的探测形式与任务,在火星轨道运动规律
与参数、火星磁场下火星空间宇宙辐射环境、火星大气、火
星地形地貌与地质构造、火星表面物质、火星内部结构等方
面都取得了巨大的成就！

科 科: 人类一步一步往前走呢！

爷 爷: 没错,这些科学成果不仅改变了人们对于火星的认识、为在
火星上寻找生命痕迹提供重要证据和有力信息支撑,也对
人类未来的太阳系探索和地外生命搜寻产生了重要影响！

考考你

你知道"水手谷"是如何得名的吗?

  A. 来自"水手4号"火星探测器

  B. 来自"水手5号"火星探测器

  C. 来自"水手6号"火星探测器

  D. 来自"水手9号"火星探测器

2

你好！火星探测器

阳 阳：爷爷，这些像小车的模型是什么呀？

爷 爷：这就是探测火星的重要"探险家"——火星探测器。

阳 阳：爷爷，您快给我们介绍一下火星探测器吧！

爷 爷：火星探测器是一种用来探测火星的人造航天器，包括从火星附近掠过的太空船、环绕火星运行的人造卫星、登陆火星

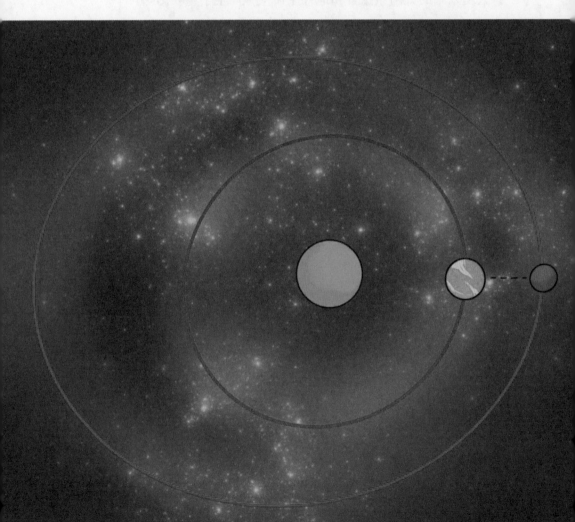

表面的着陆器,还有可在火星表面自由行动的火星漫游车以及未来的载人火星飞船等。

科 科：爷爷,这本书里提到发射火星探测器需要考虑"火星冲日",什么是"火星冲日"呢?

爷 爷："火星冲日"是指地球在火星和太阳之间,火星与太阳视黄经相差180°时的天象。

科 科：这个天象有什么特殊的地方吗?

爷 爷：这个时候火星和太阳分别位于地球的两边,太阳刚一落山,火星就从东方升起,而等到太阳从东方升起时,火星才在西方落下,所以整夜都可观测到火星,也特别适合发射火星探测器。

阳 阳："火星冲日"经常发生吗?

爷 爷：大约每隔26个月就会发生一次"火星冲日",意味着在这时将探测器送往火星可以节约一些成本,因此人类的火星探测活动通常也会每隔26个月出现一次高潮。

科 科：原来是这样!

考考你

你知道什么是"火星冲日"吗?

A. 指地球在火星和太阳之间,火星与太阳视黄经相差180°时的天象

B. 指地球在火星和太阳之间,火星与太阳视黄经相差360°时的天象

C. 指火星在地球和太阳之间,火星与太阳视黄经相差180°时的天象

D. 指火星在地球和太阳之间,火星与太阳视黄经相差360°时的天象

3

寻找生命：
火星探测在行动

阳 阳：爷爷，我还是对火星上是否存在生命最好奇。火星探测有没有发现过火星上的生命痕迹呀？

爷 爷：事实上，不仅阳阳对火星上是否存在生命好奇，天文学家和科学家在观测火星时，也常常会理所当然地认为，这颗行星上居住着智慧生物。

阳 阳：那么在探测过程中发现过生命存在的痕迹吗？

爷 爷：目前还没有发现生命的存在，科学家又提出火星上的暗黑地带可能被植被覆盖着，但早期太空任务又揭示出火星表面不太可能有植物。所以，科学家认为当务之急是了解火星土壤能否使微生物存活。

阳 阳：爷爷，火星探测从什么时候开始以寻找火星上的生命为重要任务的呢？

爷 爷：在1964年美国火星探测任务刚刚起步的时候，美国国家航空航天局就要求美国科学院协助制定一项战略，来确定火星上是否存在生命。

科 科：看来对火星生命的探索在火星探测工作中的确很重要啊！

爷 爷：没错。科学家认为微生物是一切生命生长的重要条件，所以在这一阶段针对火星生命的测试，事实上都是针对微生物的测试。

科 科：那么如何证明火星上存在生命呢？

爷 爷：在这一时期已有的技术条件下，科学家检测生命细胞的重要策略就是寻找细胞繁殖的证据。检测细胞繁殖在当时最能

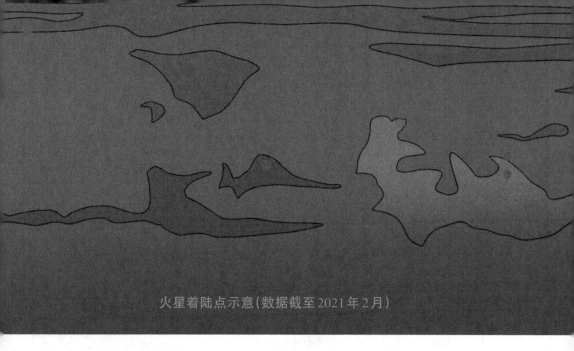

火星着陆点示意（数据截至 2021 年 2 月）

实现的且最有效的方式就是检测新陈代谢,也就是检测酸碱度的变化或者是检测气体的变化,但是"水手4号"探测器的飞越结果表明,火星存在生命的可能性极低。

科 科:然后呢? 人们放弃了对火星上生命的探索吗?

爷 爷:当然没有! 为了检测火星上是否存在生命,"海盗号"着陆器承载着责任与希望出发了。在着陆之后的第一个火星日,"海盗号"传回来了第一张火星彩色全景图。

阳 阳:这是火星探测史上的又一突破!

爷 爷:没错,"海盗号"还对火星的土壤进行了科学的分析,完成气体交换实验后,科学家遗憾地发现,"海盗号"未能检测出生物反应。

阳 阳:紧接着发射的"海盗2号"探测器有没有什么发现呢?

爷 爷:"海盗号"探测器着陆在了克里斯平原,为了能够检测出更好的结果,"海盗2号"探测器选择了着陆在乌托邦平原,在对着陆点的土壤进行分析之后发现,这里的土壤情况与克里斯

平原的土壤十分相似,还是不能确定生命的存在。

科　科:在"海盗号"探测器着陆之前没有人知道火星上是否有生命的存在,在"海盗号"探测器着陆之后,人们对此仍然一无所知啊!

阳　阳:这是不是说明,科学家对于检测生命是否存在的手段是不合理的呢？

爷　爷：阳阳的怀疑是对的,因此这也成了当时科学家的争论热点。

科　科：那么爷爷,对地球上最早的微生物的检测方法是不是也能作为检测火星上是否存在微生物的有效方法呢？

爷　爷：科科真是聪明！地球上已知最古老的岩石约有40亿年的历史了,我们没有办法对这些岩石进行研究,证明生命何时出现,但是后来科学家在东太平洋海底的一个热液喷口发现了一些前所未见的物种。这一发现颠覆了人们的认知,人们开始对热液喷口处的生物进行分析,发现了一种名为古菌的嗜热微生物。

科　科：这是一类全新的生命体吧？

爷　爷：是的。所以究竟哪类微生物才是生命的起源引发了激烈的争论,如何检测火星上的生命仍无定论。

阳　阳：哎,看来火星生命探测研究还有很长的路要走呀。

考考你　你知道"海盗号"探测器用来检测微生物存在的实验是什么吗？

A. 检测酸碱度的变化

B. 检测气体的变化

C. 检测土壤的变化

D. 检测温度的变化

4
火星探测器的前世今生

阳 阳：爷爷，前期发射的"水手号"探测器和"海盗号"探测器我们都已经了解了，您能不能再给我们讲讲之后的探测器呀？

爷 爷：经历过了一系列的延误与失败之后，火星探测工作已经进入到了只要成功就会有突破的局面，而破局的重任就交给了1996年美国国家航空航天局发射的"火星探路者号"火星探测器。

科 科：为什么距离1976年发射的"海盗号"着陆器过去这么久的时间呢？

爷 爷：事实上，20世纪70年代到80年代，美国国家航空航天局的工作重点一直在美国国内，主要的精力都放在了航天飞机计划上。尽管苏联还是尝试了几次发射，但是火星探测工作耗资巨大，他们也并没有取得实质性进展。所以在这个阶段，火星探测工作都是停滞不前的。

阳 阳：爷爷，"火星探路者号"相比较之前发射的火星探测器，有什么不同吗？

爷 爷：它携带的"索杰纳号"火星探测车也被称为"旅居者号"火星探测车，是人类送往火星的第一辆火星探测车，这也被认为是这次发射最重要的任务。你们知道它的名字是怎么来的吗？

阳 阳：不知道，爷爷您快讲讲吧！

爷 爷："索杰纳号"火星探测车的命名来源于19世纪反奴隶人士以

及女权主义者索杰纳·特鲁斯,因此这一任务的成功不仅是

火星探测工作的一大进步,也是在向人类革命的一次突出

成就致敬。

科　科:这可真是科技与人文的交织啊!

阳 阳：爷爷，"火星探路者号"主要传回了什么资料和信息呢？

爷 爷："火星探路者号"在战神谷登陆，在失联前共向地球传回了约16000张周围地形的珍贵照片。原本"火星探路者号"运行时间预计不超过1个月，但是"火星探路者号"奇迹般地运行了将近3个月的时间。

阳 阳：哇，好厉害！

爷 爷：另外，"火星探路者号"的一个杰出成就是证实了在火星上存在着曾经被流水侵蚀过的痕迹，找到了记载着这一痕迹的岩石"瑜伽"（Yogi）。

科 科：在这个阶段，关于火星探测的技术有没有进步呢？

爷 爷：当然有啦。在这一阶段遥感技术迅速发展，为火星探测乃至全球的航天事业发展都奠定了良好的基础。事实上，与"火星探路者号"同一时间发射的轨道飞行器还有"火星环球勘测者号"。

科 科：爷爷，相比"火星探路者号"，"火星环球勘测者号"有什么特别的地方吗？

爷 爷："火星环球勘测者号"是一架轨道飞行器，同时它也是第一次将新的成像技术带往火星的航天器，"火星环球勘测者号"于1997年9月12日进入环火星的椭圆轨道，要比"火星探路者号"晚一些。

阳 阳：为什么两架一起发射的航天器，进入轨道的时间却一前一后呢？

爷 爷：这是因为"火星环球勘测者号"的质量有1030千克，远远大于"火星探路者号"，因此"火星环球勘测者号"的速度比较慢，到达火星的时间自然也就比"火星探路者号"晚啦。

科　科：爷爷，"火星环球勘测者号"带回来了什么资料呢？

爷　爷："火星环球勘测者号"带回来的信息可不少！它在火星上运行了长达10年之久，传回来的照片超过240000张，记录了大概5个火星年的地表变化。

阳　阳：爷爷，为什么"火星环球勘测者号"的拍照记录有这么多呢？

爷　爷：“火星环球勘测者号”充分利用“大气刹车”技术，通过不断掠过大气层的方式，调整航天器轨道，节约了燃料资源，使得它可以在太空中遨游更久的时间。另一方面，“火星环球勘测者号”花费了18个月的时间来调整自己，最终成功进入了适合成像的轨道，在平均高度400千米处实现了每两个小时绕火星一周。

科　科：怎样才算是适合成像的轨道呢？

爷　爷：适合成像的轨道采取的是高倾角，因为这样可以确保“火星环球勘测者号”能通过两极，并且保证与太阳同步。卫星在两极之间掠过火星，火星在轨道上缓慢自转，就可以实现火星表面上所有的地点都成像。

科　科：原来如此！爷爷，您再给我们讲讲“火星环球勘测者号”传回来的火星照片里记录了什么信息吧！

爷　爷：“火星环球勘测者号”传回来了大量的照片，表面的详细视图记录了戈尔贡沌地等区域水流过的清晰痕迹，另外也记录了贝克勒尔坑等洼地的古沉积岩以及极地冰盖的复杂地形，同时还为未来的轨道观测以及着陆器提供了大量的可以研究的目标。

阳　阳：“火星环球勘测者号”是火星勘测历史上的一次重大成功呢！

爷　爷：事实上，每次火星航天器发射的成功都是火星勘测历史上的一次大事件，都会改变人们对于火星的看法。

科　科：这样厉害的“火星环球勘测者号”是什么时候与我们失联的呢？

爷　爷：“火星环球勘测者号”在2006年11月时由于软件的升级故

障，与地球失去了联系。

科 科：我们继续往前走吧。

爷 爷：尽管"火星探路者号"和"火星环球勘测者号"的成功发射被
认为是打破了火星探测事业的霉运，但之后的发射仍然不
顺利，几次发射均宣告失败。其中，也包括整个太空飞行史
上最尴尬的一次失败。

科 科：为什么这次失败被称为是太空史上最尴尬的一次呢？

爷 爷：美国国家航空航天局发射的环火星气候勘测器，由于计算时搞错了米制单位和英制单位，导致轨道飞行器不仅没有成功进入轨道，反而还进入了高层大气层。

阳 阳：真是粗心大意！

爷 爷：在经历了多次失败之后，美国国家航空航天局将2001年发射的火星探测卫星命名为"火星奥德赛号"。

阳 阳：这个神奇的名字又是怎么来的呢？

爷 爷："火星奥德赛号"的命名是为了向著名的科幻小说和电影《2001太空漫游》致敬。"火星奥德赛号"于2001年4月7日发射，2001年10月23日到达火星轨道。

科 科：在"火星奥德赛号"到达火星之后，"火星环球勘测者号"就光荣"下岗"了吗？

爷 爷：当然不是。在"火星奥德赛号"成功到达火星轨道之后，"火星奥德赛号"开始与"火星环球勘测者号"协同工作。"火星奥德赛号"是迄今为止工作时间最长的火星探测器。

科 科：爷爷，"火星奥德赛号"这么厉害，它传回来的资料肯定也非常丰富吧？

爷 爷：没错！发射后的第一年，"火星奥德赛号"就发现了火星部分地区的土壤中存在大量的氢元素。

科 科：氢元素！和水分子有关吗？

爷 爷：科科非常敏锐嘛！没错，这证明了火星这个红色星球的地表下存在大量的冰，这也是火星存在表面水的直接证据。

科 科：在"火星奥德赛号"之后，接下来被发射的探测器又是哪个呢？

电影《2001 太空漫游》剧照

爷　爷：在借鉴以往经验的基础上，2003 年 6 月 2 日，"火星快车"在拜科努尔航天发射基地搭载着小型着陆器——"小猎犬 2 号"升空。

阳　阳：为什么着陆器的名字叫作"小猎犬 2 号"呢？

爷　爷：这是以著名的生物学家达尔文于 19 世纪进行发现之旅时搭乘的船只命名的，也体现了"小猎犬 2 号"着陆器的主要任务就是探寻火星上是否存在生命迹象。

阳　阳：原来是希望它像达尔文那样发现新生命呀！那么"火星快车"传回了什么资料呢？

爷　爷："火星快车"除了确认周边是否有矿物质之外，还在抵达之后即刻确认了火星南极冰盖中是否有水的存在，在它的帮助下，科学家首次绘制了完整的火星地形图，对后续我们的研究起到了重要的指导作用。

科　科："火星快车"这次可谓是收获颇丰！

爷　爷：2003年，美国国家航空航天局向火星发射了两辆火星探测车，分别叫作"火星探险漫游者A"和"火星探险漫游者B"，也被称为"勇气号"和"机遇号"。你们知道这两个名字是怎么来的吗？

阳　阳：不知道，您快告诉我们吧！

爷　爷：这两个名字啊，源于学生的作文竞赛结果。

阳　阳：哇！那如果我们国家将来再发射火星探测器，会不会也让我们起名字呢？

爷　爷：哈哈，我想一定会考虑的，这样可以充分开动你们这些"小小航天员"的脑筋。这一天一定会很快到来。

阳　阳："勇气号"是什么时候着陆的呢？

爷　爷："勇气号"在2004年1月4日着陆，着陆点在火星南半球的古瑟夫撞击坑中心处，它的着陆区也被命名为哥伦比亚纪念站，用来纪念2003年2月"哥伦比亚号"航天飞机发射失败遇难的7位航天员。

科　科：承载着7位英雄勇气的"勇气号"传回来了什么信息呢？

爷　爷：2005年"勇气号"巧合地拍到了经过环形山底的沙尘暴，并且在本垒板高原区发现了在潮湿环境下形成、在酸性条件

迅速溶解的碳酸盐矿物。另外，在轮子坏掉的情况下，因祸得福，发现了火星土壤下层物质中含有丰富的二氧化硅。

阳 阳：这些发现有什么作用呢？

爷 爷：根据这些发现，科学家认定这种环境适合微生物生活，也就

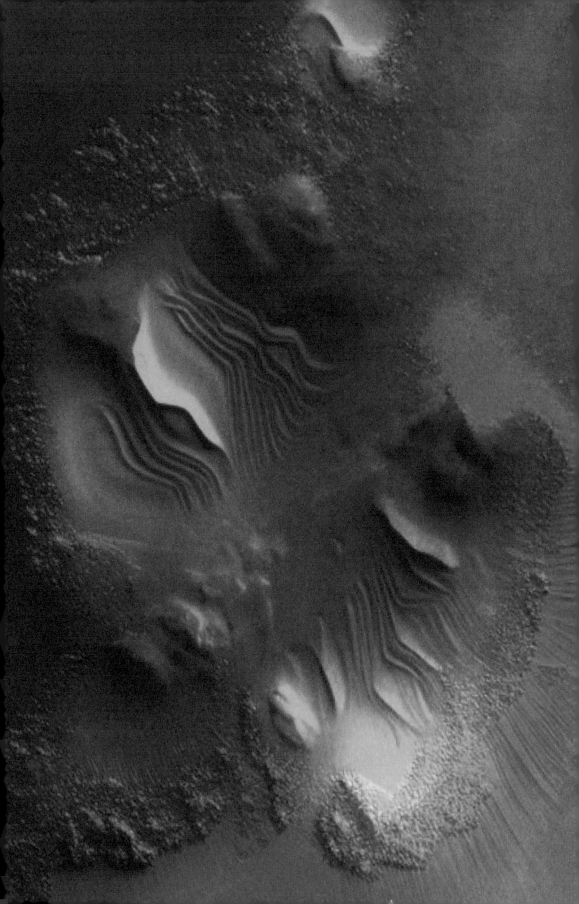

是说火星上是有可能存在生命或者说有可能产生生命的!

阳　阳：看来探索到火星上生命的存在还是非常有希望的!

科　科："勇气号"工作了多长时间呢?

爷　爷：之前,人们估算"勇气号"的使用寿命大约为90个地球日,但是实际上它远远超过了估算的使用寿命,在2010年3月22日才与地球失联。

科　科：它的兄弟"机遇号"的情况如何呢?

爷　爷："机遇号"在2004年1月25日着陆,比"勇气号"晚了3周。"机遇号"的着陆点在子午线平原地区。

阳　阳："机遇号"传回来了什么重要的资料吗?

爷　爷："机遇号"着陆点偏离预计地点25千米,最终落在一个深22米的撞击坑里,也就是我们现在说的老鹰撞击坑。在撞击坑周边,"机遇号"拍摄了大量的资料,地球上的科学家惊喜地发现在沉积岩形成过程中有水的出现。

科　科：那这张照片里的石头呢?

爷　爷：这是2005年初"机遇号"在它废弃的挡热板附近发现的,这是人类在除了地球以外的星球上发现的第一块陨石。

阳　阳：展板上介绍"机遇号"最突出的贡献是发现了火星上液态水的存在,这是为什么呢?

爷　爷：2011年12月,"机遇号"发现了由石膏形成的霍姆斯特克岩,而石膏的形成过程必须有水。所以,这也被认为是火星上曾经存在水的有力证据。

科　科："机遇号"工作了多长时间呢?

爷　爷：2019年2月13日,美国国家航空航天局正式宣布结束"机遇号"火星探测器的使命。"机遇号"在火星上总共工作了15

年,工作时间是预期的30倍。

阳　阳:30倍! 它真厉害! 在这之后还有没有发射过火星探测器呢?

爷　爷:当然有了。2005年8月,"火星勘测轨道飞行器"发射,它是"火星环球勘测者号"的继任。

阳　阳:那么"火星勘测轨道飞行器"带回来了什么资料呢?

爷　爷:"火星勘测轨道飞行器"不仅向地球传输了大量照片,而且作为其他着陆器和探测器的通信中继站,它大大扩展了人们对火星表面矿物质和化学成分的认识,同时发现了火星气候变化的情况,以及古代火星存在流动水源的证据。

科　科:太厉害了。之后还发射了什么探测器呢?

爷　爷:还有2007年由美国国家航空航天局发射的"凤凰号",它再次证实了冻土与水冰的存在,2008年9月初,"凤凰号"还首次见证了火星上的日落。结束主要任务之后,"凤凰号"在2008年10月28日因为能源不足进入安全模式关机,在2010年火星的春天,美国国家航空航天局正式宣告它失联了。

阳　阳:哇! 见证日落,葬于春天!"凤凰号"的经历好浪漫!

爷　爷:另外,还有2012年在火星着陆的汽车般大小的"好奇号",承载着探测火星是否曾经孕育生命的使命,在2011年11月于卡纳维拉尔角发射升空。

科　科:它的着陆点在哪里? 又传回了哪些资料呢?

爷　爷:它的着陆点是一个干涸的河床遗迹,位于砾岩中间。因此它传回来的资料大多与土壤和岩石有关。"好奇号"发现岩石样本中含有碳、氮、氧、磷、硫,这些是地球上生命存在必不可少的元素。

阳 阳：也就是说"好奇号"发现了火星上有适合类似地球生物生存的地方！

科 科：没错！我们定居火星又多了一条可行依据！

考考你

2003年发射的一对兄弟探测器

分别叫什么名字？

A."勇气号"和"毅力号"

B."勇气号"和"机遇号"

C."好奇号"和"勇气号"

D."机遇号"和"好奇号"

5

出发吧"天问一号"！

阳　阳：爷爷，您刚刚给我们讲的都是其他国家的火星探测发展，现在能给我们讲讲中国的火星探测器发展史吗？

爷　爷：火星探测项目是我国继载人航天工程、嫦娥工程之后又一个重大空间探索项目，也是我国首次开展的地外行星空间环境探测活动，但是起步较晚。

科　科：具体是从什么时候开始的呢？

爷　爷：我国从2013年开始计划开展深空探测工作，2020年7月23日，我国首个火星探测器就是由"长征五号"运载火箭在文昌航天发射场成功发射的。这既标志着我国首次火星探测任务正式实施，也意味着我国深空探测迈出了崭新的一步。

科　科：我国火星探测器的任务是什么呢？

爷　爷：我国首次火星探测任务起步虽晚，但起点高、跨越大，从立项开始就瞄准当前世界先进水平，在国际上首次明确提出通过一次发射，完成"环绕、着陆、巡视探测"三大任务。

科　科：果然是高起点！

爷　爷：如果这三大任务能够顺利完成，我们国家将成为世界上第二个独立掌握火星着陆巡视探测技术的国家。

阳　阳：那我们国家发射的第一个火星探测器叫什么名字呢？

爷　爷：它有一个很美的名字，叫作"天问一号"。

阳　阳："天问"是什么意思？

爷　爷："天问"源于2300年前我国浪漫主义诗人屈原所作的长诗

《天问》，表达了中国人对天地万物和人类社会等自然现象的好奇，展现了中华民族不畏艰难、追求真理的决心和意志。

阳　阳："天问"这个名字果然有很美好的寓意！

科　科："天问一号"是什么时候着陆的呢？

爷　爷：2021年5月15日，"天问一号"环绕器和着陆巡视器分离，着陆巡视器成功着陆在火星表面乌托邦平原南部预选着陆区。中国成为世界上第二个实现航天器成功登陆火星的国家。

阳　阳：哇，这真是一件值得我们骄傲的事情！

科　科：爷爷，我一直不明白，为什么飞向火星的航天探测器可以准确无误地进入正确的轨道呢？

爷　爷：这都是导航系统的功劳。比如过去，在大海中航行的船只能根据天上的星星确定航向，现在我们则依靠北斗卫星进行导航。

科　科：我懂了！探测器也是一样吗？

爷　爷：是的。在茫茫宇宙中飞行的火星探测器可以根据地球、太阳及其他恒星的相对位置变化确定自己所在的位置，从而实现导航，精确地瞄准火星的位置。

阳　阳：原来是这样，现在"天问一号"正在正确的轨道上平稳地运行吗？

爷　爷：那当然啦！

阳　阳：爷爷，那"天问一号"正独自在火星上做什么呢？

爷　爷："天问一号"可不是在孤军奋战，它所承载着的"祝融号"不仅是一辆火星探测车，更是一个机器人地质学家。

国家天文台射电观测站

科　科：为什么这么说呢？

爷　爷："祝融号"携带了6种科学仪器，不仅能探测地形地貌、表面物质成分，还能探测地下水冰、磁场和气象状况呢。

阳　阳：真是个名副其实的"科学家"啊！

科　科：如果"天问一号"和"祝融号"出现问题了要怎么办呢？

爷　爷：不用怕。你们知道月球上的信息是如何传送给地球的吗？

科　科：爷爷，您之前讲过，在太空中传输信息用的是电磁波！

爷　爷：对呀，地球上的地面站与探测器之间的通信与指令下达是通过无线电波实现的，但是由于地面站与火星探测器之间的通信延迟太长，在大部分情况下，"天问一号"和"祝融号"按照既定的程序工作，所以它们两个不仅有着很强的执行能力，还有着很强的自主处置能力。

科　科：什么是自主处置能力呢？

爷　爷：就是说在遇到简单问题时能够进入故障回路，探测器通过预先设定的方案自己解决。遇到自己不能解决的复杂问题时，探测器会进入安全模式，把不必要的设备关闭，然后等待地面指令。

阳　阳：给我国科学家点赞！

科　科：那我们的"天问一号"相较之前其他国家发射的火星探测器，有没有什么创新点呢？

爷　爷：一方面，我国的"天问一号"探测器研制过程中突破了一系列关键技术，攻克了多项产品研制难关，在诸多能力上均达到了国际先进水平。另一方面，"天问一号"探测器在国际上首次开展了对火星表面乌托邦平原南部的巡视探测，填补了这一领域的空白。

阳　阳：看来"天问一号"成功发射的背后，展现的是我们国家越来越强大的综合国力。

爷　爷：没错，如果顺利的话，"天问一号"将会获取到火星表面更多更新的第一手火星科学数据，这会充分丰富火星探测科学成果，深化人类对火星的认知，在航天领域展现我们国家的大国担当。

阳　阳：为我们国家点赞！

爷　爷：未来我国不仅会探测火星，还将探测太阳系的其他行星及其卫星和小天体。

科　科：中国航天，未来可期！

考考你

"天问一号"搭载的探测车叫什么名字？

A."共工号"　　　　B."祝融号"

C."嫦娥号"　　　　D."玉兔号"

5

探火星的得力助手：
火星探测车的科考工作

电视里播放着《你好，火星》的纪录片，当火星探测车在充满石块小坑的沙丘上稳步移动时，科科和阳阳都发出了"哇"的惊叹声。阳阳问科科："火星探测车好神奇，它究竟有什么用处呢？"科科以前在课本中学习过关于火星的知识，但对于火星探测车，了解的就没那么多了，两人只好喊来了爷爷求助。爷爷坐到两个人的身边，对他们娓娓道来："火星探测车，为火星而生。"

1
初识火星探测车

阳　阳：爷爷，什么是火星探测车？

爷　爷：火星探测车是人们探测火星的得力助手，也是火星上的智能机器人。我来考考你们，你们还记不记得第一辆登陆火星的探测车叫什么名字？

阳　阳：我记得，是不是叫"火星探路者号"？

爷　爷：错啦，阳阳。"火星探路者号"是火星探测器，它携带的"索杰

纳号"火星探测车才是人类历史上第一次登陆火星的探测车,具有重大的历史意义。

阳　阳:原来我搞混了。

科　科:火星探测车与火星探测器有什么区别呢?

爷　爷:科科这个问题问得很好。可以把火星探测车理解为火星探测器的升级版,它可以在火星表面一边行驶一边考察。

科　科:爷爷,火星探测车肯定给人类探索火星提供了很大的帮助吧?

爷　爷:那当然啦! 在目前人类还无法登上火星的情况下,火星探测车就是我们在火星上的"眼睛",帮助我们提前考察火星,为以后登陆火星做准备。

阳　阳:但是爷爷,您看电视纪录片上的这些火星探测车走起路来东摇西摆的,我都担心它们随时会摔倒。

爷　爷:哈哈哈,阳阳,你的担心不无道理。火星探测车在火星上摔倒也是常有的事情。

科　科:啊? 原来火星探测车也会摔跤啊!

爷　爷:火星探测车上有自动驾驶设备,能自动识别附近的障碍物并躲避,非常智能。但是在遍布砂砾和陨石坑的火星上,连火星探测车这样"聪明"的家伙们也会有摔跤的时候呢!

科　科:我想,即便是摔倒了,它们也能爬起来。

爷　爷:那是当然! 当火星探测车摔倒后,它的前轮会抬起,变成一个手一样的形状往外爬,慢慢地爬出坑来。

阳　阳:它们可真敬业!

爷　爷:火星探测车有趣的地方可多啦! 你们了解火星探测车在火星上的行驶速度吗?

阳　阳:这么高科技的家伙,肯定能跑得很快吧?

爷 爷：阳阳，这你就想错啦。火星探测车其实行驶得很慢，我们国家的第一辆火星探测车"祝融号"一天只行驶10米左右，这还是在火星日略长于地球日的情况下。

科 科：爷爷，您是不是说错计量单位了？一天怎么可能只走10米呢？

阳 阳：对啊，我觉得蜗牛的速度都比火星探测车快呢！这和我想象中的可一点也不一样呢！

爷 爷：虽然难以想象，但在火星坑坑洼洼的地表和尘卷风经常袭击的情况下，能保持缓步前进已经很不容易了。

科 科：那距今为止，有多少辆火星探测车已经登陆过火星了？

爷 爷：距今为止，共有8辆火星探测车被人类发射到火星上，其中7辆成功登陆，中国的"祝融号"就是其中之一。

阳 阳：身为一个中国人，真心为我国航天事业的发展感到骄傲！

科 科：爷爷，我还有个问题想问问您。

爷 爷：科科，你说。

科 科：现在还在火星上工作的火星探测车有哪些呢？我只知道有"祝融号"。

爷 爷：没错，"祝融号"是其中之一。除此之外，还有美国的"好奇号"和"毅力号"。

阳 阳：那它们会不会有一天在火星上相遇呢？

科 科：这不是没有可能的呀，我想要是有一天它们能一起并肩作战就更好了！

爷 爷：孩子们，你们的想法都很美好，但是别忘了火星探测车每天可是"龟速"地在火星上行驶呢！而且，各国在发射火星探测车时，都会考虑尽量将火星探测车放到不同的位置。

阳 阳：爷爷，这又是为什么呢？

爷 爷：探索未知的火星是全人类共同的事业，将火星探测车放到不同地方就可以彼此分工明确，更全面地探索火星啦！要知道，火星上充满神秘色彩的地方实在是太多太多啦！

阳 阳：原来是这样，是我考虑得不够全面了。

考考你 下面哪一辆不是现在还继续在火星上工作的火星探测车？

A."好奇号"　　B."祝融号"

C."毅力号"　　D."勇气号"

2

火星探测车的
前世今生

科　科：爷爷，您刚刚说现在只有三辆火星探测车在火星上工作，这也太少了点。要是能再多发射几辆火星探测车上去，我们对火星的认识肯定会更加全面。

爷　爷：科科你的想法没错，但发射火星探测车可不是一件容易的事。

阳　阳：有多不容易呢？

爷　爷：人类对火星的了解太少了，哪怕是火星探测车，也不敢贸然着陆火星。

科　科：所以环绕器会先围绕火星飞行！

爷　爷：对。环绕器在进入环绕火星的轨道之后，会先开展为期三个月的对火星地面的探测。在选择着陆地点时更是慎之又慎。

科　科：小心驶得万年船！

爷　爷：没错。等到终于选定了合适的着陆地点，着陆器就会和环绕器分离，利用降落伞和反推火箭在火星表面着陆。

阳　阳：可算是着陆了。

科　科：火星探测车呢？在哪里？

爷　爷：火星探测车被着陆器携带着。

科　科：所以，最终是着陆器把火星探测车送到了火星表面！

阳　阳：从地球到火星，经历了那么远的路、那么复杂的过程，火星探测车终于到了火星上。

科　科：这些流程一步也不能出错，一点失误都不能有。

爷　爷：苏联曾向火星发射过他们自行研制的"火星一号"和"火星
　　　　二号"两辆火星探测车，它们都在1971年末到达火星。

科　科：后来怎么样了呢？

爷　爷：其中一辆在着陆的时候坠毁在火星表面，另一辆虽然实现
　　　　了着陆，但仅仅14.5秒后就失联了，只传回来了一张照片。

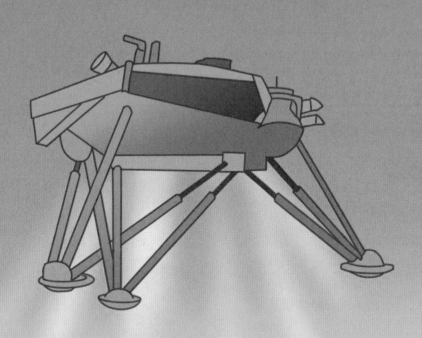

火星着陆器

阳　阳: 太可惜了。

科　科: 照片效果怎么样？

爷　爷：可惜的是拍摄的时候光线很暗，没能展示出具体的细节。

科　科：怎么会这么快就失联呢？

爷　爷：后来科学家推断，大概是火星上过于猛烈的风暴破坏了火星探测车的通信系统。

科　科：航天事业真的太不容易了，需要在无穷无尽的未知里摸索前行。

爷　爷：科学技术的研究一直如此。所幸后来"火星探路者号"探测器携带的"索杰纳号"火星探测车取得了巨大的成功。

科　科：这肯定给人类带来了很大的信心。

爷　爷：你说得没错。"索杰纳号"火星探测车给地球传回了不少照片，贡献匪浅，但是它也有一个致命的缺陷。

阳　阳：什么缺陷？

爷　爷："索杰纳号"采用的是遥控模式，而火星和地球之间存在时间延迟，这也使得地面科研人员无法实时控制"索杰纳号"。

"索杰纳号"火星探测车

科 科：我想，之后的火星探测车肯定会在"索杰纳号"的基础上不断进化升级。

爷 爷：2003 年，美国国家航空航天局又发射了"勇气号"与"机遇号"。这两辆火星探测车采用自主导航加遥控的控制模式，很大程度上规避了"索杰纳号"的弊端。

阳 阳：一次比一次进步飞速呢。

爷 爷：还远不只这些呢！"好奇号"火星探测车采用的是长距离自主导航加遥操作系统，它在火星行走时已经可以实现自主精准控制了。2020 年 7 月 30 日发射的"毅力号"火星探测车，其各项功能又在"好奇号"的基础上有了极大提升。

科 科：后来中国的"祝融号"火星探测车还有自动休眠和唤醒功能呢！

爷 爷：是啊，这些能登上火星的家伙们都身怀绝技。

科 科：那既然这样，现在火星上怎么只有"祝融号""好奇号""毅力号"了呢？

爷 爷：这就好比人会生病，火星探测车在遥远的火星上也会出现故障。况且，火星上的环境还是十分恶劣的，有的火星探测车前轮被火星上的砂石磨损，导致最终无法继续工作。

阳 阳：看来这些火星探测车都是探索火星的大功臣呢！

爷 爷：当然啦！它们很多甚至还超额完成了任务哩。

科 科：为什么近年来一直没有火星探测车再登陆火星了呢？

爷 爷：2019 年，欧洲航天局与美国国家航空航天局合作，研制了"ExoMars"火星探测车，只不过由于种种原因，发射一直被延期。

阳 阳：真是可惜。

爷　爷：你们现在知道目前火星上仅存的三辆火星探测车有多珍贵
　　　　了吧！

考考你

人类历史上第一辆登陆火星的探测车叫什么？

A."祝融号"　　　B."好奇号"

C."毅力号"　　　D."索杰纳号"

3

火星探测车的日常工作

科 科：爷爷，您再给我们讲讲火星探测车在火星上是怎样工作的吧！

爷 爷：火星探测车跟随着陆装置到达火星表面，然后开始巡视探测，并通过测量太阳方向矢量和火星重力方向矢量来确定所在位置。科学家每天会通过直接通信窗口把这一天的指令发下去，火星探测车收到指令之后就会开展工作。我们看到的关于火星的照片都是火星探测车传回来的。

科 科：火星探测车上的摄像机就是传回照片的"神器"！这些照片可以让我们远在地球，也可以对火星进行观察。

阳 阳：我觉得现在的人类比神话里的神仙还要厉害，神仙只有"千里眼"，可是现代人的"眼睛"已经能看到火星那样遥远的地方了。

爷 爷：实际上，火星探测车上装载的摄像机不仅是为了传回照片，它的着陆装置底部通常也会安装降落摄像机，在着落过程中通过连续拍照来确定着陆位置。

阳 阳：原来照片还可以用来导航，我还是第一次听说呢！

爷 爷：工具是人类肢体和感官的延伸，正是科技让人类有了控制现实世界的能力。

阳 阳：说不定以后人类就能像科幻小说里写的那样，坐着飞船轻轻松松飞出太阳系。

科 科：爷爷，我记得火星探测车还有一个重大的使命是寻找火星生命。

爷　爷：是的！科科说得没错。火星探测车一是为了勘探火星情况，为人类寻找未来落脚点；二是为了寻找火星生命。"毅力号"火星探测车的使命就是寻找火星生命。

阳　阳：人类在太空里就像一粒尘埃，却能做出这么厉害的事。

爷　爷：智慧和勇气让一代代人一次次突破自我，也让宇宙万象如在眼前。

科　科：爷爷，火星探测车晚上也要工作吗？

爷　爷：当然啦！登一次火星可不容易，时间紧，任务重。因此火星探测车的工作可不分白天黑夜,每辆火星探测车都要争分夺秒地勘探。

阳　阳: 那火星探测车晚上怎么工作呢?

爷　爷: 就拿我们国家的"祝融号"火星探测车来说,晚上"祝融号"通信设备还在工作,但不移动,类似探测等"体力活"都会安排在白天的午后进行。你们觉得"体力活"为什么会选在这个时候进行呢?

科　科: 午后温度更高,适合火星探测车工作。

爷　爷: 对啦。我国"祝融号"的能量来源是太阳能,午后太阳光照强,能量更充足,你说的温度适宜也是其中一个方面。

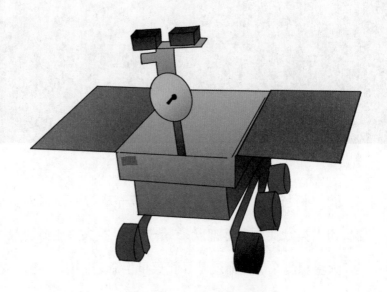

"祝融号"的太阳能电池板

阳　阳: 所有火星探测车的能量来源都是太阳能吗?

科　科: 阳阳,你忘啦?之前爷爷说火星上的风能资源也可以作为辅助能源。

爷　爷: 科科记性很好呢!现在各国发射的火星探测车的能量来源

一般以核能资源为主。

阳　阳：那为什么"祝融号"还使用太阳能资源呢？

爷　爷：相比太阳能，核能受自然条件的影响更小，稳定性更好，但核电池的不确定性太大。"祝融号"作为我国第一辆登上火星的探测车，选择太阳能更为稳妥。

阳　阳：原来科学家在设计时要考虑这么多因素。

科　科：等将来有一天科研人员可以踏上火星地表的时候，火星探测车是不是就可以光荣退休啦？

阳　阳：火星探测车会像航天飞机一样被淘汰吗？

爷　爷：即便科研人员可以登上火星了，有火星探测车这样一个得力的"助手"，未尝不是一件好事。

阳　阳：它可以帮人们搬那些特别重的东西！

科　科：还可以给人们领路！

阳　阳：未来快些到来吧，让我们看看以后的世界究竟是什么样子。

科　科：我知道我们国家的火星探测器叫"天问一号"，火星探测车叫"祝融号"，那它们之间有什么关系呢？

爷　爷："祝融号"是搭载在"天问一号"上的火星探测车。"天问一号"一半是围绕器，继续围着火星转，探测火星情报；另一半则是着陆器，像一个"罩"一样包着火星探测车，而这个火星探测车就是"祝融号"，主要负责在火星上实地考察。

科　科：那"天问一号"一定很大吧？

爷　爷：没错，"天问一号"作为探测器，由很多部分组成。它的总质量大约有5吨，比体型比较大的成年大象还要重。

科　科：像大象一样重的东西也能被运到火星上去，现代的科技真的好厉害。

爷　爷: 这就是人类孜孜以求地认识规律并利用规律取得的成就呀。

科　科: 爷爷，您快给我们再讲讲"天问一号"吧！

爷　爷: 咱们之前说过"天问一号"火星探测器，你们应该还记得，它总共分为三部分，分别是环绕器、着陆器和巡视器。

科　科: 从它们的名字来看，难道巡视器就是火星探测车吗？

爷　爷: 对，火星探测车就是搭载在"天问一号"上面的巡视器。

科　科: 原来它们是这样的关系！

考考你

火星探测车的日常工作有哪些？

A. 通过连续拍照导航

B. 寻找火星生命

C. 在火星实地考察

D. 运送实验样本回地球

4 中国火星探测车 "祝融号"

阳　阳：我们国家的火星探测车为什么取"祝融号"这个名字呢？

爷　爷：你们知道祝融是谁吗？

科　科：我只知道他是神话里的一个人物。

爷　爷：他是中国神话里的火神，是传说中三皇五帝时期的火正之官。

科　科：怪不得！

爷　爷：火对人类文明的意义非同小可，火神祝融也是咱们华夏的先民走出蛮荒、走向文明的象征，但是"祝融号"的寓意远不只这些。

阳　阳：还有什么？

爷　爷：把两个字拆开，"祝"表示祝愿、祝福，"融"表示融合、协作。

科　科：祝愿人类齐心协力探索太空！

阳　阳：这个名字取得可真好呀！火神探火星，协作同探索！

科　科：我在科学类的杂志上看到过"祝融号"的样子，从上方看它就像一只蝴蝶。

爷　爷：从形状上说确实是，但它可比一般的蝴蝶大多了。

科　科：有多大呢？

爷　爷：高度约为1.85米，质量约为240千克。

科　科：我看图片还以为它不算大呢。

爷　爷：或许你看到的那些图片里的"祝融号"旁边没有参照物，所以就感觉不出它具体的大小了。

阳　阳：那"祝融号"的照片是谁拍回来的？

科 科：是不是在火星上空的环绕器？

爷 爷：其实是"祝融号"自己拍摄的。

阳 阳：原来"祝融号"也会自拍呀。

爷 爷：哈哈哈，没错。"祝融号"的肚子下面有一个摄像机，摄像机可以实现与"祝融号"自动分离，这样就可以给"祝融号"拍照了，拍摄照片之后传到"祝融号"，然后上传到环绕器，进行中继，最后进行地火传播。

阳 阳：这也太神奇了。

爷 爷：说起来简单，但做起来很不容易呢！地球和火星之间相隔太远，一旦出现任何小失误，照片的信号就会消失在茫茫太空中。

科 科：原来是这样！我想知道"祝融号"有没有具体的任务呀？

爷 爷：当然有啦。"祝融号"任务艰巨，要把能巡视到的地方都探索一遍。

科 科：等圆满完成这些任务，它就会成为一辆"上知火星天文，下知火星地理"的火星探测车啦！

阳 阳：它需要工作多久才能实现这个目标呢？

爷 爷：它的设计寿命大约是92个地球日。

科 科：之前说"勇气号"和"机遇号"都超龄工作了很久，"祝融号"有没有这样的可能性呢？

爷 爷：现在已经超龄工作啦。

科 科：它现在怎么样了呢？

爷 爷：2022年5月，火星进入了冬季，"祝融号"也相应进入了休眠期。

阳 阳：原来火星上也存在一年四季！

爷 爷：还记不记得季节是怎么产生的？

阳 阳：因为公转！

爷 爷：火星和地球一样围绕太阳公转，也有季节的变化。

科 科："祝融号"竟然可以自己休眠和醒来，太智能了吧！

爷 爷："祝融号"是依靠太阳能电池板供电产生动力的。火星的冬
季里太阳能不足，它必须要休眠才行。

阳 阳：就像冬眠的动物！

科 科：被阳阳这么一说，我觉得"祝融号"这个庞然大物也变得很
可爱啦！

阳 阳：它什么时候会醒来呀？

爷 爷：在 2022 年 12 月到 2023 年 1 月，由于"祝融号"被火星沙尘覆
盖，太阳能发电能力降低，它目前处于"超时休眠"的状态，
我们还在等待"祝融号"的苏醒。

科 科：它着陆的具体时间呢？

爷 爷：2021 年 5 月 15 日。

科 科："祝融号"在火星上的工作时长已经远远超出了先前的
预期！

爷 爷：是的。截至 2022 年 5 月 5 日，"祝融号"火星探测车在火星表
面工作了 347 个火星日，累计行驶 1921 米，在火星上留下了
4000 个"中"字。

阳 阳：在火星上"写字"？
这是怎么实现的呢？

爷 爷："祝融号"后轮上设
计了两个"中"字，所
以它在向前行驶时
会留下独属于中国
人的痕迹。

"祝融号"后轮

阳　阳：这真是属于中国的"火星浪漫"。

爷　爷：设计车轮的科研人员是河南人，在河南方言里，"中"代表着"行、好"的意思。

科　科：这也寓意"祝融号"对中国的火星探索来说是一个良好的开始。

爷　爷：这样的设计不仅具有纪念意义，而且具有技术上的考虑。每两个"中"字之间的距离就是"祝融号"的车轮周长，科学家能够根据字间距判断"祝融号"的车轮是否打滑。你们知道"祝融号"是人类历史上第几个成功登上火星的探测车吗？

阳　阳：不知道。

科　科：我也不太清楚，但我觉得肯定能排到前十位。

爷　爷：没错，"祝融号"是人类历史上第六辆顺利登上火星的探测车。

考考你　我国的火星探测车取名为"祝融号"，

有哪些含义？

A. 祝愿、祝福

B. 融合、协作

C. 中国古代神话中的火神

D. 行、好

6

长大以后登火星：
火星的基地建设

客厅里,阳阳和科科正讨论个没完。爷爷走过去,看到了两个孩子画的"火星家园":一座气派的房子外面有一个大大的玻璃保护罩,房子侧面有一大片太阳能电池板,屋后是一大片菜地。房子外面还有一根又高又长的圆柱形管子。爷爷好奇地问:"这个是什么呢?"阳阳解释道:"这是时空梯,我们乘坐的宇宙飞船就是停靠在这里的,要是我们想家了,就能从时空梯里搭乘宇宙飞船回到地球。"爷爷赞许地点了点头,惊叹于两个孩子丰富的想象力。"爷爷,您来和我们一起造火星家园吧!"科科一脸诚恳地邀请爷爷。阳阳也在一边附和:"对啊,爷爷,您也加入我们吧。"爷爷看了看两个孩子,笑眯眯地答应了:"那我们就充分发挥想象力,用实物在桌上搭建个火星基地吧,刚好也能把你们画在纸上的设想都展现出来。"

1

选个位置房子

阳　阳:爷爷,什么是火星基地啊?就是火星上的房子吗?

爷　爷:你们觉得呢?

阳　阳:我觉得火星基地一定是一座大房子!

科　科:我觉得火星基地和一般的房子不同,火星基地肯定是航天员登陆火星后生活的地方。

爷　爷:你们说得都不够全面。火星基地是人类一个长远的设想,建立火星基地是为了保证人类的生存资源。火星上缺水缺氧,气候条件复杂,火星基地既是初期航天员们临时驻留的

基地,也是未来火星移民们永久居住的地方。

阳　阳: 火星基地功能也太强大了。爷爷,那咱们快快开始火星基
地的建设吧。

爷　爷: 不急不急。建设火星基地前,首先需要确定选址。你们觉
得火星基地建在哪里比较好呢?

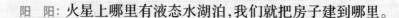

阳　阳：火星上哪里有液态水湖泊，我们就把房子建到哪里。

爷　爷：阳阳，你忘了吗？目前科学家发现的几个液态水湖泊都是深藏于火星地下的。

阳　阳：对哦，那我们难道要把火星基地建到地底下吗？

爷　爷：其实把房子建到地下也不是不可以，初期地下或半地下形式的房子可以远离火星上的辐射，而且还能抵御沙尘暴。

科　科：爷爷，我想起来了。火星上的北极冰盖和南极冰盖都有水冰资源，我们可以把火星基地建在那里！

爷　爷：把火星基地建在极地附近，确实可以轻松解决水的问题了。那里有厚厚的冰层，冰融化成的水在净化过滤后可以直接使用。但是，我们在选址的时候，还要综合考虑地形、气候、太阳光照射等多种因素。极地附近太冷了，有时温度甚至会降到零下100多摄氏度。

阳　阳：那……我们好像没有地方能建火星基地了。

爷　爷：孩子们，别忘了火星赤道附近也有一些富含水源的区域，这些水资源就藏于火星赤道干燥的土壤之下。

科　科：对呀！而且赤道的温度更高，更适合人类生存！

爷　爷：科科说得没错！火星赤道附近气候相对温暖，在火星赤道带上，中午的温度能达到27摄氏度。除了温度适宜，火星赤道地区光照也充足，我们可以充分利用此处的太阳能资源。

火星赤道地区中午的温度

阳　阳：可是火星大气层中缺乏氧气，我们又该如何是好呢？

爷　爷：不管住在火星的哪里，氧气问题都是一个大问题。这个问题，我们可以之后再考虑。因为水可以用来生产氧气，如果已经有了水，氧气也就不成问题了。

阳　阳：现在万事俱备，只差建造我们的火星基地了。

爷　爷：慢着，火星基地的建造还需要考虑地形因素，地势低且地形平坦的地方更适合建基地。孩子们，你们知道火星南北半球的地形有什么差异吗？

科　科：之前您给我们讲过，火星南北半球地形地貌差异极大。火星北半球多为地势低的平原，而火星南半球多为高地且布满了陨石坑，地形复杂。

爷　爷：所以，在赤道靠近北半球的地方建火星基地是更好的选择。而且更为重要的是……

阳　阳：爷爷，还有什么原因？我已经迫不及待地想知道了。

爷 爷：这正是我想考考你们的问题，你们知道在赤道这种纬度极低的地方建火星基地还有什么好处吗？

科 科：我知道！之前您说过，低纬度的地方，火星自转的线速度更大，探测器可以获得更大的初速度，后续返航可以节约燃料。

阳 阳：就像我国文昌卫星发射基地一样。

爷 爷：你们又答对了！除此之外，火星赤道靠近北半球的地方有奥林匹斯山等多个死火山，因为之前的火山喷发，这些地方极有可能存在丰富的矿产资源。在这里建造我们的火星基地，可以充分利用各种矿产，节省建筑材料。

阳 阳：太好了，那我们就将火星基地建在这里吧！

科 科：我拿了一个托盘来，咱们就把这个托盘当成火星赤道附近靠近北半球的地方，这块橡皮代表火星上的奥林匹斯山，旁边的一大块空地就是我们火星基地的选址了。我们就选在这几座死火山附近怎么样？方便我们就地取材。

阳 阳：上面怎么还有沙子？

科 科：这些沙子代表着火星表面遍布的砂石，这是为了更好地模拟火星上的环境呀。

考考你

在火星上建造火星基地应该选在什么地方？

　A. 赤道附近北半球　　　B. 赤道附近南半球

　C. 北极　　　　　　　　D. 南极

2

盖座火星房子

阳　阳：现在位置确定好了，我们可以开始建造火星基地了。

爷　爷：孩子们，还要再等等。

阳　阳：爷爷，不是都已经确定好位置了吗？现在还差什么呢？

爷　爷：别忘了，火星上还存在着一些不利于人类生存的情况，在建造房子时，我们可不能忽略了。

科　科：对了，火星气压低，只有不到地球的1%。

爷　爷：是的，火星上大气稀薄，大气压强极低，仅为地球海平面标准大气压的0.6%左右。

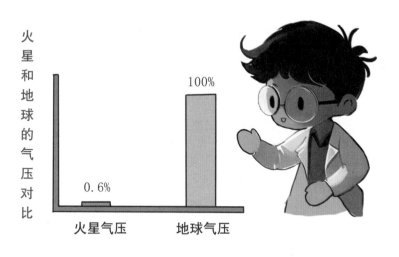

火星和地球的气压对比

100%

0.6%

火星气压　　地球气压

科　科：高原地区的低气压会让人缺氧，甚至感到呼吸急促。

爷　爷：没错，高原地区的气压就已经会让人产生高原反应，感到呼吸急促了，火星上的气压比高原地区还要低很多呢！当人体暴露在火星这样的低气压环境中，人的血管会直接爆裂。

阳　阳：这也太可怕了！

爷　爷：因此我们需预留出房屋的加压系统。除此之外，火星上的房子必须具备良好的密封性。我看到你们纸上画的房子有一扇窗户，这样其实是不对的。

科　科：没有窗户的房子，我都不敢想象！

爷　爷：为了人类的安全，保持全封闭的空间是必要的。

阳　阳：爷爷，使用全密闭的空间，并对房子进行加压，填充人造气体，应该就可以解决这些问题了吧？我们下一步该干什么呢？

爷　爷：这些问题还没解决完呢！当我们给房子内加压后，房子外部的气压还维持在原来的低气压水平。房子外压强只有0.5～0.7kPa，而房屋内部经加压后压强会达到35～100kPa。内外气压差增大，房子受到向外的力要远大于向内的力。

科　科：这股力量有多大呢？

爷　爷：你们可不要小看这股力量！每平方米空间的这股力量相当于10吨物体的重量，所以火星上的房子必须具备强大的承压能力。孩子们，你们知道哪种形状的物体承压能力更强吗？

阳　阳：我不知道。

爷　爷：给你们一点小提示，家里的液化气罐是什么形状的？

阳　阳：是圆柱体形状的！

爷　爷：答对了！圆柱体截面受压均匀且能把压力传递给其相邻的部分。在火星上造房子，最好就采取圆柱体和球体形状的设计。火星上沙尘暴天气频发，曲面造型还可以充分发挥抗风的功能呢！

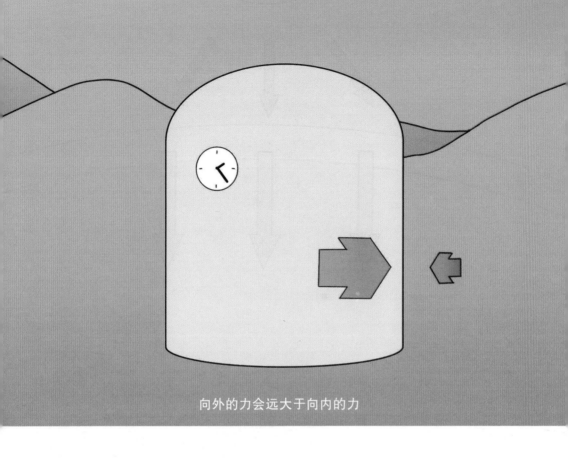

向外的力会远大于向内的力

阳　阳：原来在火星上造房子还有这么多学问！

科　科：那是不是说火星上所有的建筑基本都是这两种形状的呢？

爷　爷：从安全性的角度考虑，是的！不过，我们还可以充分发挥创
造性，将其设计成更多样化的组合形状嘛！科科，阳阳，你
们再想想，还有哪些是火星上建房子需要注意的？

科　科：还需要一个大大的玻璃罩来防止辐射，爷爷之前就和我们
说过了直接暴露在火星中是很危险的！

爷　爷：科科，你还考虑到了防辐射，真不错！火星上的大气非常稀
薄，太阳中几乎一半的辐射都会直接投向地面。长期接触
这类辐射会使人体的DNA发生改变，增加人类罹患癌症的
风险，采取玻璃罩套住房子来隔断外面的辐射确实是个好

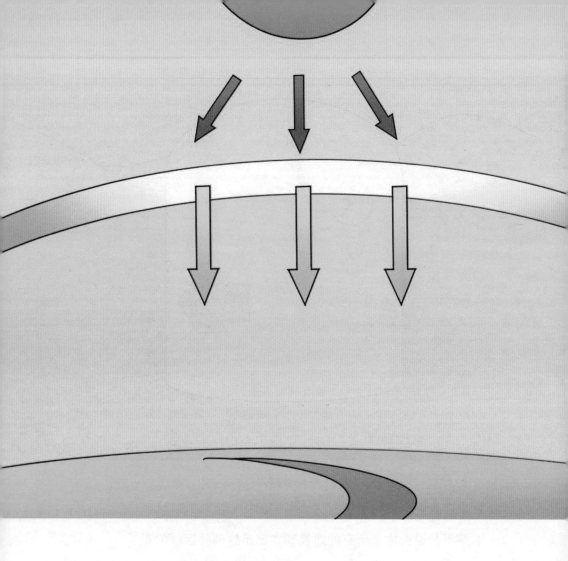

办法。你们还有没有别的办法呢？

阳　阳：爷爷，我想不到了，要不您和我们说说吧。

爷　爷：你们想想，地球上的太阳辐射为什么就不可怕呢？

科　科：我知道！是因为大气的作用。大气就像一个过滤器，可以过滤掉太阳辐射中的大部分有害物质。

爷　爷：科科说得没错。大气是地球的一项保护伞，它将可见光、绝大部分的红外线和极小部分的紫外线放进来，使得太阳辐射中的有害物质较少到达地球表面，从而保护了地球生物。

阳　阳：爷爷，可是火星上缺乏大气，我们该怎么办呢？难道要将地球上的大气运到火星上吗？

爷　爷：将地球大气运到火星上是不现实的。其实还有一种更为简单高效的办法，就是用一层厚厚的固态二氧化碳覆盖在屋顶上。固态二氧化碳也就是干冰，我们可以直接从火星大气中获得。然后我们用一层厚厚的火星土壤覆盖在房子上面。

阳　阳：爷爷，为什么盖了一层固态二氧化碳还要盖一层土壤呢？

爷　爷：这些厚厚的火星土壤不仅可以屏蔽辐射，还可以起到保温的作用。孩子们，准备工作差不多了，现在来让我们开始在火星上建房子吧。

阳　阳：终于可以大显身手了！我去找泥土用模具来堆砌一个圆柱体形状的建筑，圆柱体的房子承压能力强。

爷　爷：如果是在火星上，我们可以直接使用火星土壤作为建筑材料，让模块化机器人帮我们搭房子。搭建时注意墙壁要尽可能厚，5米以上的厚度才是安全的。

阳　阳：我们还要在屋内自制一个加压系统，保证屋内的气压适合人类生存。

火星上的模块化机器人

科　科：我们还需要将一层厚厚的固态二氧化碳盖在房子上，固态二氧化碳看起来和冰块很像，我去冰箱里找些冰块。阳阳，你去挖一些土来，待会我们把土和冰块一起铺在"屋顶"上。

阳　阳：没问题！

科 科："固态二氧化碳"来了！我来把它放到"屋顶"上。

阳 阳：土壤也来了，我来把它盖到"固态二氧化碳"层的上面。

爷 爷：阳阳，这些土壤可能还不够，我们需要盖一层厚厚的土壤，这样防辐射和保温的效果才会好。

阳 阳：好！更多的土壤来了！我来加盖一层。最后，用一个玻璃罩罩住我们的"房子"。这样我们的"房子"就有多重防辐射机制了。我想我们还需要在"房子"前面做一块"太阳能电池板"，这样我们就可以充分利用火星上的太阳能资源了。

科 科：这里刚好有一些硬纸板，我们就把它们当作太阳能电池板铺设在"房子"旁边好了。

阳 阳：爷爷，您觉得我们的"房子"还差什么吗？

爷 爷：还少一个温度控制系统，毕竟火星上的温度实在太低了。

科 科：对啊！我们可以利用温度控制系统将太阳能转化为电能，然后，我们就可以用电能来取暖了。你们快看！我们在火星上的"房子"已经建造完成了！

阳 阳：太好了！我们在火星上也有"房子"了！

爷 爷：不错，你们的动手能力非常强！

考考你

在火星上建造房子最好选择什么形状？

A. 圆柱体　　B. 正方体

C. 长方体　　D. 球体

3

在火星上种蔬菜

科　科：爷爷，火星上能种蔬菜吗？

爷　爷：这个想法很好，虽然国际空间站里大部分的食物是从地球上运过去的，但是火星距离地球实在是太远了。一旦我们移居火星，使用飞船运送食物的运费太过高昂，而且飞船在运送过程中也存在各种不确定性。所以在火星上生存，能保证食物的自给自足是最好的。

科　科：火星上的辐射让人类不得不生活在密闭的环境里，这种辐射对植物来说也是致命的，而且火星上还有遮天蔽日的沙尘暴、大风等极端天气。

阳　阳：没关系，我们把蔬菜种在人类生活的密闭空间里就可以了。

科　科：植物生长是需要适宜的温度和光照的，没有阳光，植物怎么生存呢？况且火星上的温度这么低，会冻坏植物的。

阳　阳：这该如何是好呢？哥哥，我们一起来想想办法吧。

科　科：我们可以采取大棚蔬菜的种植模式，就像地球上的大棚蔬菜一样。我们也在火星上建造一个特殊的大棚，调高大棚内的温度，使植物能够在适宜的温度里生长。我们还可以通过加湿设备给植物提供充足的水分。

阳　阳：我觉得你这个想法可行！

爷　爷：孩子们，这个想法确实不错！但是种植蔬菜最重要的是土壤，可别忘了火星的土壤和地球的可不一样。

阳　阳：爷爷，有什么不一样的呢？

爷　爷：火星土壤极其干燥贫瘠，而且有些火星土壤里含有高浓度

长大以后登火星：火星的基地建设

6

165

的高氯酸盐和多种氯基化合物，这些化合物都是有害的。

科 科：爷爷，这些有害物质不可以被植物自己分解掉吗？

爷 爷：高氯酸盐无法被植物代谢掉，高氯酸盐会随着植物的生长

在植物叶子中慢慢累积并浓缩。

阳 阳：那要是人类食用了这种植物，会产生什么危害呢？

爷　爷：危害可大了！高氯酸盐会对人的肺部功能造成影响，在高氯酸盐的兔子实验中，科学家发现被注射高氯酸盐的兔子肺部组织会出现不良反应。多种研究表明，高氯酸盐会严重影响人的肺部和甲状腺功能。

阳　阳：竟然这样严重啊！

科　科：既然土壤有毒，那我们可不可以干脆不用土，直接使用无土栽培的种植方式呢？

爷　爷：科科说的确实是一种解决方法。让植物生长在营养液中，就可以避免土壤中的高氯酸盐在植物体内聚集了。

科　科：爷爷，还有没有其他的方式呢？

爷　爷：近年来科学家还在创新另一种土壤改良计划。科学家想，既然土壤有毒，那干脆就把土壤改造成无毒的。

阳　阳：科学家的想法实现了吗？他们准备怎么操作呢？

爷　爷：科学家想到的方法是对火星土壤进行有机改造。

科　科：什么是对火星土壤的有机改造呢？

爷　爷：荷兰瓦赫宁根大学的科学家从夏威夷火山附近收集了类似火星上的土壤，他们往土壤中添加了粪肥和其他植物的有机残骸，然后在土壤中放入蚯蚓。

阳　阳：蚯蚓？蚯蚓能在这样的土壤里存活吗？

爷　爷：科学家研究发现蚯蚓可以将土壤和有机物混合，分解出对植物有益的各种营养成分。之后科学家用这种土壤种植出了豌豆、水萝卜和其他对人体无害的植物。

阳　阳：太好了！那就说明改造后的土壤是可以种植蔬菜的！

科　科：土壤的问题就顺利解决了。想在火星上种出蔬菜，我们还需要克服火星上光照不足的困难。

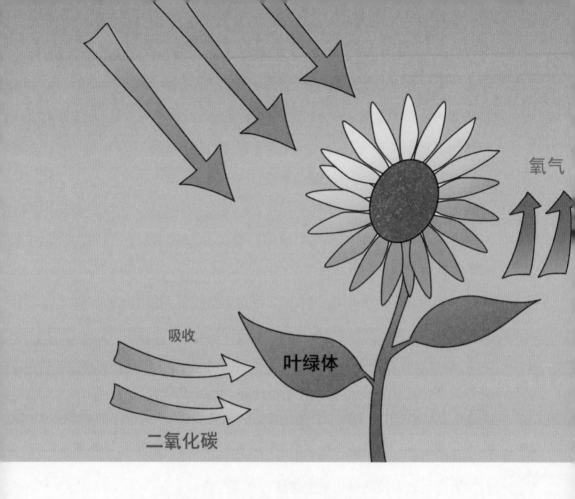

氧气

吸收

叶绿体

二氧化碳

爷　爷：是啊，火星上的太阳辐射只有地球上的40％，光照资源非常有限！

阳　阳：没有光，植物是不是就没法存活了？

科　科：当然了！植物需要太阳光来进行光合作用，植物如果没了光照就好比人没了氧气，肯定会很快枯萎的。

爷　爷：科科说得没错。任何植物都需要适量的光照才能生存，阳光对于植物来说就好比我们人类的一日三餐，是必不可少的。

阳　阳：那火星上的光照不足可怎么办呢？我们种植蔬菜的心愿岂不是要落空了？

爷　爷：别着急嘛！既然没有条件，那我们就主动去创造条件。

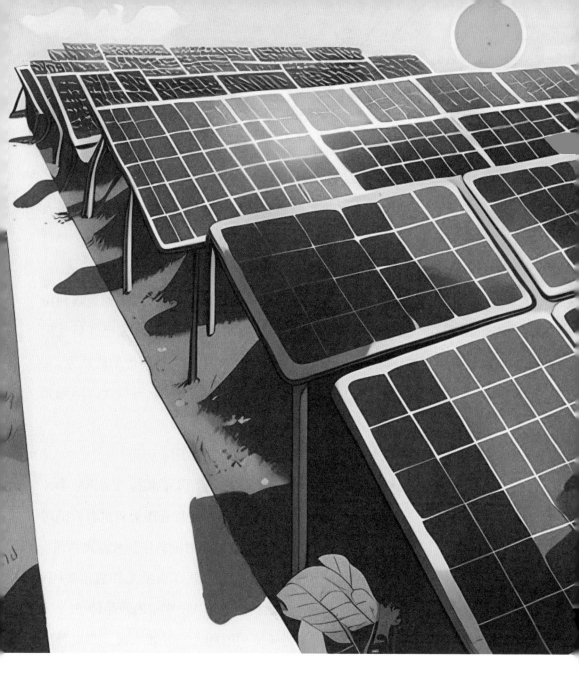

科　科：爷爷，怎么创造条件呢？

爷　爷：我们可以自己造光源！

阳　阳：造光源？听起来真是不可思议，就像我们每天使用的电灯

一样吗？

爷　爷：是啊，电灯不就是人造光源的一种吗？我们可以利用能量

储存器把太阳能存起来,然后通过特殊的装备将太阳能转化为光能。这样即便是在沙尘暴侵袭、太阳能无法供应的情形下,植物也能顺利进行光合作用。

科 科:天哪! 我怎么没想到呢!

爷 爷:解决了植物的光源问题,下一步就是考虑如何高效利用人造光源的问题了。

科 科:爷爷,什么叫作高效利用人造光源呢?

爷 爷:火星上的光照资源实在是太有限了! 因此"如何高效利用人造光源"就成了一个重要的课题。植物学家已经研究出了每种植物偏好的不同电磁波频段。参照他们的研究,在火星上给每种植物投放不同的照明光源,可以大大降低光照损耗。

科 科:哇! 火星上的蔬菜种植也太高科技了!

爷 爷:是啊,火星上的一切资源都太宝贵了,必须提高利用效率才行啊。我想未来火星上的蔬菜种植肯定还会有机器人随时随地监测光照、水分、土壤情况,随时随地进行智能化耕作。

阳 阳:爷爷,地球上所有种类的蔬菜都能在火星上种植出来吗? 火星上是不是还能种出我们之前从没吃过的新品种呢?

爷 爷:答案是肯定的,不过还需要时间。一开始火星上肯定什么也没有,但我相信随着时间的推移,火星上肯定会开拓出全新的农业文明,只不过这还需要建立在科学家不断开展大量实验的基础上。

科 科:目前我们的研究有什么进展吗?

爷 爷:科学家经过多次实验发现,火星上适合种植的蔬菜有芝麻菜、生菜、菠菜、豌豆、大蒜、紫甘蓝和洋葱等很多种类。

阳　阳：哇！原来这么多种蔬菜已经实验成功了。

科　科：我用小盒子和透明薄膜做了一个火星农场，我们快动手在里面种上自己爱吃的蔬菜吧。我今天才知道，原来火星上也能种出这么多种蔬菜来！

阳　阳：是啊，我还没吃过火星上种的蔬菜呢！真希望有机会能尝一尝。

爷　爷：那就让我们一起期待吧！

考考你

以下哪项不是在火星上种植蔬菜的不利条件？

A. 土壤有毒　　B. 光照不足

C. 病虫害多　　D. 温度低

4
建造火星家园

阳　阳：现在我们不仅有了火星房子，还有了我们的火星农场。

爷　爷：孩子们，这些还远远不够，要想在火星上生活，我们还必须有相应的配套设施。

阳　阳：什么是"配套设施"呀？

科　科：这个我知道！配套设施是指为了满足服务需要而建设的各种公共性设施，比如公园、医院、学校、超市等。

爷　爷：科科说得没错，但作为火星上的初批移民，资金和精力有限，我们还是先从最重要的开始建吧！

阳　阳：我觉得最重要的是超市，毕竟民以食为天。

科　科：不对，我觉得医院更为重要，人的生命才是最重要的。一旦有人生病了，我们需要尽快找医生救治。

爷　爷：阳阳，我们已经拥有自己的火星农场，差不多能实现自给自足了，所以超市得往后排一排了。人吃五谷杂粮，哪有不生病的？无论在哪，医院都是一项重要的配套设施啊。

阳　阳：你们说得有道理，那我们就先建医院吧！医院建在哪里合适呢？

科　科：爷爷，您觉得呢？

爷　爷：我想先听听你们的想法。

阳　阳：要不我们把医院建在火星基地的中心位置吧？其他的火星居民楼可以围绕医院而建。一旦有突发情况，每家每户都能尽快抵达医院。

科　科：阳阳，你的想法很好，我支持你。

爷 爷：我也支持！你们都是有责任有担当的好孩子。

科 科：我们还是和之前一样，堆砌一个圆柱体形状的建筑作为医
　　　院吧。我们还要给医院屋顶铺上固态二氧化碳和厚厚的火
　　　星土壤。

阳 阳：我发现咱们搭建的房子好像都长得差不多，一点都不美观。

而且房子都是同一种样式,万一走错了怎么办呢?

爷　爷:哈哈,阳阳,你的顾虑也不是完全没有道理。不过相比安全性和成本问题,美观性只能往后排了。总体来说,初期火星上建筑物的形态会相对固定,样式也会比较单一。

科　科:爷爷,火星上只有密闭的房子是相对安全的,那我们是不是只能从地下挖一条通道来通行了。

爷　爷:按照你说的,从地下通行是一种方法,但是将每个房子用密封性好的通道连接起来也是一种方法。总之,不让人类暴露在室外就行了。

阳　阳:那我来负责用管道将房子与房子连接起来。

科　科:我想未来一定有管道瞬间移动技术,按一下按钮,我们就能通过管道瞬间移动到达目的地了。

爷　爷:我相信随着科学的发展,有朝一日科科的这个想法肯定能实现。我们再来继续建下一个配套设施吧!你们觉得还需要什么?

阳　阳:飞船站。有了飞船站,住火星上的人就可以随时回地球探亲了。

爷　爷:阳阳,你的想法很美好,但是实现起来有点困难,火星和地球之间的往返可没有这么容易。不过咱们既然是对火星基地未来的想象,一切都是允许的,说不定哪天有新技术出现,阳阳的想法就实现了呢!科科,你想建什么?

科　科:我想建一个能量储存站。火星上各种资源相比地球太少了,而且具有极大的不确定性,因此我们需要把太阳能、风能等能源储存起来以备不时之需。爷爷,您想建什么呢?

爷　爷:我想建一个科研基地,科研人员可以在那里对火星进行更

深入的研究，加深对火星的认识。要不我们把自已想建的

建筑都在这个模型上搭建出来吧！

阳　阳：没问题！

爷　爷：好！那咱们就各自完成自己的那部分吧。

科　科：我建好了，接下来就需要把我们做的这些连接起来了。

阳　阳：你们看，托盘上已经满了，原来我们不知不觉已经把火星基

地建得这么庞大了！

爷　爷：孩子们，还缺什么配套设施呢？

阳　阳：我觉得还缺公园、学校、游乐场、超市……

爷　爷：这些还不是最重要的。我们漏掉了两个很重要的东西呢！

阳　阳：那什么才更为重要呢？我绞尽脑汁也想不出来了。

爷　爷：科科，你觉得呢？有什么想补充的吗？

科　科：我觉得我们还缺少发电站！

爷　爷：是的，没错！没有电，我们可就什么也干不了喽，阳阳也看

不了你最喜欢的动画片了。

阳　阳：对啊！我怎么能忘了这么重要的事情呢！

科　科：那我们现在来建发电站吧。

阳　阳：火星上的发电站应该建在哪呢？

科　科：我觉得应该建在靠近水源的地方，发电是需要水源供应的。

爷　爷：是的，不仅要靠近水源，发电站还应该建在郊区，因为发电

的过程中可能会产生一些污染。

科　科：那我们就建在这里吧，既靠近郊区，也有一处湖泊。

阳　阳：终于建完了！这下有足够的能源可以维持火星基地的运

转了。

爷　爷：还缺了一个同样重要的配套设施，你们知道是什么吗？

阳　阳：我还是不知道，爷爷。

科　科：我也想不到了。

爷　爷：那我就来揭晓答案了——是水厂！无论是生活用水、灌溉用水还是废水处理，都离不开水厂。我们一起来建吧！

科　科：好！水厂要建在火星上靠近水源且水质好的地方！

阳　阳：这个火星基地真是"麻雀虽小，五脏俱全"啊。

爷　爷：我们建的这些设备已经能基本满足人类在火星上较长时间的生存需要了。但是，人类要想永久移居火星，这些还远远不够呢！

科　科：我们还需要超市、公园、学校……

阳　阳：还有游乐园、商场！

爷　爷：是的，随着越来越多的人进入火星，这里终将变得和地球一样繁荣。

科　科：爷爷，看到我们搭建好的火星基地，我想登上火星的愿望更加迫切了！

阳　阳：我也是！

考考你

你认为火星基地最需要什么配套设施？

A. 医院　　　B. 学校

C. 公园　　　D. 超市

5

火星基地上的一天

爷　爷：孩子们,咱们的火星基地已经建好了,想象一下现在我们就生活在火星上,让我们来看看在火星的一天是什么样的吧!

阳　阳：爷爷,我已经迫不及待了! 一定很有趣!

爷　爷：先从早上开始。在火星上,早上起床以后,你们会干些什么呢?

阳　阳：我会先刷牙洗脸。

科　科：我也是。

爷　爷：在刷牙洗脸之前,你们还需要开灯。和地球不同,火星上以人造光源为主,如果不开灯,周围会是一片黑黢黢的景象。而且火星上的水资源没有地球这样丰富,所以刷牙洗脸会受到定量水的限制。刷完牙洗完脸之后,你们会坐在桌边吃饭,桌子上的食物是谷物、蔬菜等一些基本的素食。

科　科：爷爷,吃完了饭我想找朋友们一起玩!

阳　阳：爷爷,我想去超市买一些好吃的! 我还没逛过火星上的超市呢!

爷　爷：出门的时候,你们会经过管道,外面是一群机器人正在工作。在火星上,所有基地外的工作都是交给机器人完成的,人类待在密闭的空间里,一般不会轻易到室外。因为外面的尘埃和空气都很危险,除非穿上特制的航天服,否则很不安全。

阳　阳：这也太无聊了,就像一直待在盒子里一样,连透口气也不行。

爷　爷：是啊，迫于火星上的环境，我们也只能这样生活了。但这并
　　　　不是没有好处。

科　科：有什么好处？

爷　爷：我们通勤再也不用担心暴雨、大风、高温这样恶劣的天气
　　　　啦！我们的通道始终都是恒温的，也不会受到极端天气的

影响。

阳　阳：听起来确实不错，我最讨厌下雨天了。爷爷，您快给我们讲
　　　　讲火星超市里有些什么呢？是不是比地球上超市的商品种
　　　　类更丰富呢？

爷　爷：并没有，火星超市里的大部分商品就是从地球运过来的"进

口产品"，另外一些则是科学家种植出来的"火星蔬菜"。

阳　阳：既然这样，那肉是怎么生产出来的呢？

爷　爷：火星上大部分都是素食，短期内想在火星上实现家畜养殖
　　　　是很困难的。一是因为从地球运家畜过来运费太贵，而且
　　　　需要占据大量的飞船空间；二是因为饲养家畜需要耗费大
　　　　量的资源，而火星上食物、空气、水资源本就匮乏。

阳　阳：确实如此，那我们只能暂时先吃素了。

爷　爷：科科，你在找朋友玩的路上有没有发现什么奇怪的现象呢？

科　科：在去朋友家的过程中，我发现手机上的导航失效了。幸好
　　　　朋友最后来接我，不然我就要迷路了。

爷　爷：这是因为火星上缺乏真正的磁场，指南针在火星上是无
　　　　效的。

科　科：这也太不方便了！

爷　爷：是啊，习惯了在地球上的生活，在火星上确实会觉得很不习
　　　　惯。好了，现在到了中午12点，我们该吃午饭了。

阳　阳：爷爷，中午我们吃什么呢？

爷　爷：还是谷物、蔬果等素食，和早上一样。在火星上，如果不出
　　　　意外，你们吃的都是这些食物，没法享受到像地球上一样多
　　　　种多样的美食。当然了，这种情况可能会随着科学家新的
　　　　研发成果而改变。

科　科：这对于我们地球人来说真的很难习惯呢！

爷　爷：现在还无法改变，就只能尽量让自己适应了。

阳　阳：爷爷，吃完饭，我想看会儿动画片。火星上能看电视吗？

爷　爷：现在还实现不了！虽然火星上有火星网络，但火星上现在
　　　　的文化产业还不发达。

阳　阳：那也太无聊了。哥哥，你待会想干吗？

科　科：我想玩会儿乐高。爷爷，火星上有玩具吗？

爷　爷：这个嘛……现在也没有。火星上的产业十分有限，从地球上运送过来还需要十分高昂的运费。

科　科：阳阳，既然这样，我们一起玩会儿游戏吧。

阳　阳：好吧。

爷　爷：恐怕你们刚玩了一会就会觉得手脚发软、浑身乏力，这是因为火星上的重力仅为地球上的38%，所以你们的身体会出现骨质疏松、肌肉萎缩等问题，有时还会感觉心脏不太舒服。这些都是正常现象，不用太担心。

阳　阳：原来就算来到了火星，生活也没有想象中那么有趣呢。

爷　爷：是啊。火星上当然没有地球上的生活那样丰富多彩了。

科　科：爷爷，如果我想在火星上打个电话给爸爸妈妈，能打通吗？

爷　爷：暂时不能，这是因为地球和火星之间的距离实在是太远了，通信会受到距离和光速的限制，一次延迟差不多是半个小时。

阳　阳：在火星上的一天也太无聊了。爷爷，我不想移民火星了。

爷　爷：孩子们，我们的目光要放得长远些，移民火星可不是为了享受比地球更舒适的生活，而是尝试在地球外建立人类文明，这样即便有一天人类在地球上无法生存了，我们还可以把我们的技术和文化在别的星球传承下去。

科　科：爷爷，我今天才真切地了解到原来航天员们的工作这么辛苦！

爷　爷：是啊，我们人类在整个浩瀚的太空中不过是沧海一粟罢了。火星上危险密布，航天员们每天要承受着身体和心理上的双重考验。你们只在火星上待了一天就受不了了，航天员们要长期过着这样的生活呢！他们为了实现自己的理想，为了不负国家和人民的期望，每天都在咬牙坚持。

阳　阳：航天员和科学家都太伟大了！

爷　爷：如果给你们一次机会，你们还愿意去火星体验这样的生活吗？

科　科：我愿意！如果没有今天的模拟体验，我可能永远感受不到航天员和科学家的伟大！未来我要努力学习，争取为火星家园的建设贡献出自己的力量！

爷　爷: 科科不害怕吗?

科　科: 虽然有点害怕,但我愿意克服困难,努力完成这个目标。

阳　阳: 我也是! 我也愿意和他们一样!

爷　爷: 孩子们,你们都很棒,中国未来的航天事业就靠你们了!

考考你

在火星基地体验可能会出现以下哪些情形?

A. 失重　　　　B. 食物单一

C. 指南针失效　D. 食物丰富

关键词

物理关键词

1. **自　转**：物体自行旋转的运动，物体会沿着一条穿过物体本身质心的轴即"自转轴"进行旋转。所有的行星、恒星都会绕着自己的轴心进行转动，即为自转。

2. **公　转**：一物体以另一物体为中心，沿一定轨道所做的循环运动；所沿着的轨道可以为圆、椭圆、双曲线或抛物线。

3. **轨　道**：天体在宇宙间运行的路线。

4. **板块运动**：星球表面一个板块相对于另一个板块的运动。

5. **大气环流**：具有世界规模的、大范围的大气运行现象。

6. **大气压强**：作用在单位面积上的大气压力，即等于单位面积上向上延伸到大气上界的垂直空气柱的重量。

7. **张　裂**：张应力引起的断裂。垂直于最大应力方向并平行于压缩方向，使岩石沿破裂或断裂裂开。

8. **蒸　发**：物质从液态转化为气态的相变过程。

9. **磁　场**：传递实物间磁力作用的场。磁场是由运动着的微小粒子构成的，在现有条件下看不见、摸不着。磁场具有粒子的辐射特性。

10. **升　华**：固态物质不经液态直接变为气态。

11. **放射性元素**：能够自发地从不稳定的原子核内部放出粒子或射线，同时释放出能量，最终衰变形成稳定的元素而停止放射的元素。

12. **甲　烷**：一种最简单的有机物，一般产生于动植物的新陈代谢中。

13. **可调谐激光光谱仪**：火星探测器上一种检测仪器，这种仪器可以检测到空气中含量只有十亿分之一的微量气体。

14. **后向轨迹分析**：后向追溯火星气团，通过气团轨迹来确定气团来源的一种检测方法。

15. **二氯烷烃/氯苯**：有机化合物的名称。

16. **碳同位素构成**：自然界中碳以 ^{12}C、^{13}C、^{14}C 等多种同位素的形式存在。探测火星岩石中的碳同位素成分，可以推测其成因。

17. **穆雷构造**：一种板块构造区域，其名称是为了纪念美国行星科学家布鲁斯·穆雷。

18. **鳞石英**：一种矿物，一般产生于酸性火山岩的岩洞中。

19. **风能资源**：太阳能的一种转化形式，是指由于太阳辐射使地球表面受热不均，引起大气层不均匀受热，空气流动所形成的动能。

20. **风力发电**：把风的动能转为电能，主要通过风车来转化。

21. **风力涡轮机**：一种用风能做动力的涡轮机，相比一般发动机而言，其对风能的利用效率更高。

22. **引　力**：宇宙中具有质量的物体之间相互吸引的力，大小与两者距离的平方成反比。

23. **航天器**：又称空间飞行器、太空飞行器，指按照天体力学的规律在太空运行，执行探索、开发、利用太空和天体等特定任务的各类飞行器，目前的航天器基本上都在太阳系内运行。

24. **宇宙飞船**：一种运送航天员、货物到达太空并安全返回的航天器。

25. **运载火箭**：将人们制造的各种航天器推向太空的载具。

26. **航　天**：载人或不载人的航天器在地球大气层之外的航行活动，又称空间飞行或宇宙航行。航天的实现必须使航天器克服或摆脱地球的引力，如想飞出太阳系，还要摆脱太阳引力。

27. 航　空：分为民用航空和军用航空,指载人或不载人的飞行器在地球大气层中的航行活动。航空必须具备空气介质和克服航空器自身重力的升力,大部分航空器还要有产生相对于空气运动所需的动力。

28. 气　候：一个地区大气的多年平均状况,主要的气候要素包括光照、气温和降水等。

29. 气　象：发生在天空中的风、云、雨、雪、霜、露、虹、晕、闪电、打雷等一切大气的物理现象。

30. 纬　度：地球表面南北距离的度数以赤道为0°,以北为北纬,以南为南纬,南北各90°。通过某地的纬线跟赤道相距的度数,就是该地的纬度。

31. 赤　道：环绕地球表面与南北两极距离相等的圆周线。它把地球分为南北两半球,是划分纬度的基线。

32. 圆周运动：质点在以某点为圆心、半径为r的圆周上运动,即质点运动时其轨迹是圆周的运动叫"圆周运动",是一种常见的曲线运动。

33. 线速度：物体上任一点对定轴做圆周运动时的速度称为"线速度",是质点(或物体上各点)做曲线运动(包括圆周运动)时所具有的即时速度。它的方向沿运动轨道的切线方向,故又称切向速度。

34. 离心现象：做圆周运动的物体,在所受向心力突然消失,或者不足以提供圆周运动所需的向心力的情况下,产生的逐渐远离圆心移动的物理现象。

35. 真　空：在给定的空间内低于一个大气压力的气体状态,是一种物理现象。

36. 低　轨：一般把离地面几百千米的卫星轨道称为低轨道或低地球轨道。

37. 高　轨：一般指轨道高度大于2万千米的人造地球卫星轨道。

38. 电磁波：以波动的形式传播的电磁场。

39. 测控站：对飞行中的载人航天器和运载火箭实施跟踪、遥测、遥控以及天地话音图像传输的设施、配套设备和机构,分为固定站和机动站。

40. 测量船：对航天器及运载火箭进行跟踪、测量、控制和数据传输的专用船舶,也是航天测控网的海上机动测控站。

41. 卫　星：按照一定轨道绕行星运行的天体,可以分为自然卫星和人造卫星两种类型,其运动轨道可以是圆形、椭圆形或其他曲线形状。

42. 微　波：频率在300MHz~300GHz的无线电波,具有易于集聚成束、高度定向性以及直线传播的特性,可用来在无阻挡的视线自由空间传输高频信号,通常用于卫星通信和遥感。

43. 频　率：单位时间内完成周期性变化的次数,是描述周期运动频繁程度的量。

44. 深空测控天线阵：利用分布在不同地点的多个天线组成天线阵列,接收来自同一信源的信号,利用信号的相干性和噪声的不相关性,将各个天线接收的信号进行加权合成,从而获得所需的高信噪比接收信号。

45. 信噪比：接收到的有用信号的强度与接收到的干扰信号(噪声和干扰)的强度的比值。

46. 码速率：每秒钟能够传输的二进制码元(bit)数目,用来反映传输数据所需要的通信信道的带宽的大小。

47. 固体火箭助推器：用于导弹发射时使其迅速飞离发射器并加速达到预定飞行速度的火箭发动机。

48. O形环封圈：一种截面为圆形的橡胶密封圈，因其截面为O形，故称其为O形橡胶密封圈，也叫O形圈。

49. 建　材：土木工程和建筑工程中使用的材料的统称。

50. 光合作用：通常是指绿色植物（包括藻类）吸收光能，把二氧化碳和水合成富能有机物，同时释放氧气的过程。

51. 卡纳维拉尔角：位于美国航空海岸，附近有肯尼迪航天中心和卡纳维拉尔空军基地。

52. 紫外光谱仪：利用紫外可见光谱法工作的仪器，主要由光源、单色器、样品池（吸光池）、检测器、记录装置组成。

53. 太阳视黄经：地球绕天球的黄道一周约365天5时48分46秒。地球的公转在地球上看来就表现为太阳周年视运动，其运行线路（地球公转轨道在天球上的反映）称为黄道。黄经就是黄道上的度量坐标（经度）。太阳视黄经就是以地球视角看出去的黄经。

54. 酸碱度：溶液的酸碱性强弱程度，用pH来表示。

55. 气体交换实验：检测火星土壤样本成分的实验。

56. 热液喷口：海底深处的喷泉，热泉的喷口区具有高温、高硫化氢、低含氧量、低pH的环境条件。

57. 通信中继站：负责接收并转发无线电通信信号的电台。

58. 电磁波：由同相振荡且互相垂直的电场与磁场在空间中衍生发射的振荡粒子波，是以波动的形式传播的电磁场，具有波粒二象性。

59. 尘卷风：在沙漠地区由于局地增热不均匀而形成的旋转式尘柱。

60. 着　陆：飞机、航天器等降落到地面上。

61. 自主导航：利用不借助人工设置的目标和信息源的导航仪器来引导舰船航行的导航方法。

62. 核能资源：经原子核反应生成能量的资源，分为核裂变能资源和核聚变能资源。

63. 太阳能资源：太阳内部连续不断的核聚变反应过程产生的能量，是地球上最主要的能量来源。

64. 承压力：承受压力，这里指的是房屋内外所担负外力的值。

65. 火星辐射：火星大气层稀薄且缺乏行星磁场，有害辐射可以穿透屏蔽层并给人体造成无法弥补的损害。

66. 太阳能电池板：一种将太阳辐射能转换为电能的设备，利用光伏效应将太阳光转化为电能，广泛应用于航空航天、通信、能源等领域。

67. 高氯酸盐：一种有毒化学物质，一般存在于地表水、地下水和土壤中。

68. 氯基化合物：一种有害物质，会使植物合成叶绿素能力显著下降。

人物关键词

1. 卢恩德拉·奥杰拉：尼泊尔人，从火星勘测轨道器拍摄的高清图像中首次发现并提出"火星上存在液态水"。

2. 尤里·加加林：苏联航天员，是第一个进入太空的人，也是第一个从太空中看到地球全貌的人。

3. 拿破仑·波拿巴：19世纪法国军事家、政治家，在位期间发动了拿破仑战争，创造了一系列军政奇迹与短暂的辉煌成就。

4. 康斯坦丁·齐奥尔科夫斯基：科学家、科幻作家、现代宇宙航行学奠基人，被称为"航天之父"。

5. 艾萨克·牛顿：英国著名物理学家、数学家，在力学、数学、光学、天文学、经济学等领域成就卓越，被誉为"近代物理学之父"。

6. 索杰纳·特鲁斯：美国福音传教士、改革家。原为一名黑奴，一生积极与当时社会中的不公制度做斗争，19世纪美国人权卫士的代表之一。

7. 查尔斯·罗伯特·达尔文：英国生物学家，进化论的奠基人。曾经乘坐"小猎犬号"帆船进行历时5年的环球航行，对动植物和地质结构等进行了大量的观察和采集。

后　记

　　本套丛书的创作,特别是《长大以后登月球》《长大以后探火星》的接续出版,直接得益于2023年4月24日在合肥举办的第八届"中国航天日"活动,没有这么紧迫的任务,估计很难这么快让这一套"长大以后探索前沿科技"系列科普丛书面世。

　　最初的缘起是在2022年10月,由于新冠疫情严重,中国科学技术大学的校园被封控,我住在东校区的学生宿舍,饭后闲暇,与地球和空间科学学院执行院长汪毓明教授在操场散步,他讲到深空探测实验室(天都实验室)正紧锣密鼓推进建设,忙得不可开交;同时他也很兴奋地告诉我,半年后我校要参与承办第八届"中国航天日"活动,希望我所在的人文与社会科学学院、中国科学院科学传播研究中心能有一批导师和研究生愿意投入精力编撰关于"中国探月工程""中国火星探测工程"等前沿科技的科普作品,甚至争取作为科大智库投身一些科技前沿的政策研究。此番聊天让我思考良多,下定决心推动团队进行一些有价值的科普创作。

国家的需求就是我们作为科学传播学科专业人员的任务。科学传播是一门专业的学问,它有其自然的规律和测评的方法,怎样才能更好地让不同层次的受众理解科普、激发兴趣乃至促进创新,这需要专门的知识和经验。我们课题组所在的中国科学院科学传播研究中心、人文与社会科学学院科技传播系正是全国数一数二专门以科学传播作为学科方向聚焦培养人才的一流高校平台,具有较好的科学传播理论和实践基础。责任所在,我们义不容辞,一定要在"中国航天日"到来之前啃下这块硬骨头,争取高质量地完成本系列科普丛书的出版工作。

于是,团队紧张有序的科普创作开始了:前后只有三个多月,我作为导师负责整个课题设计与科普创作的整体构思。在正式进入执笔编撰阶段,本课题组把一年级研究生王玉蕾、朱松松、王伊扬等组织起来,由华蕾作为科普创作讨论联络人,按照课题组做科普项目的方式分工协作,及时敦促其他成员各章节的资料整理和编撰风格统一等事项。他们运用"领域知识专家+科普技巧专家"的方法,依照"问答逻辑式"科普风格完成了本书的科普创作(每人创作的篇幅均超过科技传播系对研究生科普创作实践培养的3万字要求)。我对各章节的图文进行了补充修改,对内容进行了逐页审校,保证内容的准确性和可读性。

本书作为中国科学院科学传播研究中心和中国科学技术大学人文与社会科学学院科技传播系的系列科普成果之一,也凝聚了中国科普作家协会、安徽省科普作家协会等诸多同仁的智力财富,得到了郭传杰、周忠和、汤书昆、周荣庭、杨多文等老师的积极鼓励和大力推动。这本科普书得以出版，也离不开中国科学技术大学出版社对"长大以后探索前沿科技"系列科普丛书的信任与支持。在此，对上述各位老师、同学一并表示感谢！

本书如有知识的错漏或考证不全之处，还请各位读者批评指正。课题组将以做科学传播学术研究的心态，不断完善"问答逻辑式"科普创作的理论创新与实践创新。

褚建勋

2023年4月于中国科学技术大学